新版 雅俗文

化書系

樸初題

园林者，可望可行可居可游。

自苑囿台起，诉说着中国人三千年的诗意栖居；

至写意山水园止，谱写了“本于自然、高于自然”的精妙华章。

似一段山水情韵，袅袅于亭台楼阁、茂木繁花间。

曲廊停停走走，联接了古人的生命情怀；

碧波粼粼柔柔，氤氲了先贤的江海浮沉。

或雄浑，或质朴，或空灵——无不烙印着特有的审美意识与生命哲学。

园林文化

新版雅俗文化书系

倪琪 著

中国经济出版社
CHINA ECONOMIC PUBLISHING HOUSE
·北京·

图书在版编目（CIP）数据

园林文化／倪琪编著．--北京：中国经济出版社，2013.1（2023.8 重印）

（新版“雅俗文化书系”）

ISBN 978-7-5136-1972-1

Ⅰ．①园… Ⅱ．①倪… Ⅲ．①园林艺术-文化-中国-通俗读物 Ⅳ．①TU986.62-49

中国版本图书馆 CIP 数据核字（2012）第 241439 号

责任编辑　张　薇
责任审读　霍宏涛
责任印制　张江虹
封面设计　任燕飞装帧设计工作室

出版发行　中国经济出版社
印 刷 者　三河市同力彩印有限公司
经 销 者　各地新华书店
开　　本　880mm×1230mm　1/32
印　　张　7.75
字　　数　169 千字
版　　次　2013 年 1 月第 1 版
印　　次　2023 年 8 月第 2 次
定　　价　39.80 元
广告经营许可证　京西工商广字第 8179 号

中国经济出版社 **网址** www.economyph.com **社址** 北京市东城区安定门外大街 58 号 **邮编** 100011
本版图书如存在印装质量问题，请与本社销售中心联系调换（联系电话：010-57512564）

编　委

季羡林序

(第一版“雅俗文化书系”序)

在中国,对于文化艺术,包括音乐、绘画、书法、舞蹈、歌唱,甚至衣、食、住、行,园林布置,居室装修,言谈举止,应对进退等方面,都有所谓雅俗之分。

什么叫“雅”?什么叫“俗”?大家一听就明白,但可惜的是,一问就糊涂。用简明扼要的语句,来说明二者的差别,还真不容易。我想借用当今国际上流行的模糊学的概念说,雅俗之间的界限是十分模糊的,往往是你中有我,我中有你,绝非楚河汉界,畛域分明。

说雅说俗,好像隐含着一种评价。雅,好像是高一等的,所谓“阳春白雪”者就是。俗,好像是低一等的,所谓“下里巴人”者就是。然而高一等的“国中属而和者不过数十人”,而低一等的“国中属而和者数千人”。究竟是谁高谁低呢？评价用什么来做标准呢？

目前，我国的文学界和艺术界正在起劲地张扬严肃文学和严肃音乐与歌唱，而对它们的对立面俗文学和流行音乐与歌唱则不免有点贬义。这种努力是无可厚非的，是有其意义的。俗文学和流行的音乐与歌唱中确实有一些内容不健康的东西。但是其中也确实有一些能对读者和听众提供美的享受的东西，不能一笔抹杀，一棍子打死。

我个人认为，不管是严肃的文学和音乐与歌唱，还是俗文学和流行音乐与歌唱，所谓雅与俗都只是手段，而不是目的。其目的只能是：能在美的享受中，在潜移默化中，提高人们的精神境界，净化人们的心灵，健全人们的心理素质，促使人们向前看，向上看，向未来看，让人们热爱祖国，热爱社会主义，热爱人类，愿意为实现人类的大同之域的理想而尽上自己的力量。

我想，我们这一套书系的目的就是这样，故乐而为之作序。

季羡林

1994年6月22日

前言　中国园林与园林文化

园林，是通过筑山理水、建筑营构、植物配置而形成的空间境域，它可行、可望、可游、可居。植根于华夏文化沃土之上的中国园林，已走过三千多年的历史，是集建筑、书画、雕塑等多种文化于一体的立体艺术，其本身就是一种文化。中国园林所追求的得景随形的自然式造园风格和诗情画意的构园意境，使其在世界造园艺术中独树一帜，成为与西亚、欧洲并列的世界三大园林体系之一。

中国园林美，美在“道法自然”。德国古典主义哲学家黑格尔曾把园林比作“第二自然”，人们为了满足在方寸之间登山临水、游目骋怀的精神需求，通过模山范水，将真实自然中的名山大川、形胜之地缩摹于一方壶天境地中，即成就了园林最初的面貌，进而奠定了中国自然式山水园的基本风格。这种“虽由人作、宛自天开”的造园思想基于老庄自然而然、天人合一的哲学观，体现了中国人崇尚自然的美学观，并影响后世乃至当今的造园倾向。皇家园林法天象地，“移天缩地在君怀”；私家园林则以小见大，于有限中创无限，追求“一峰则太华千寻，一勺则江湖万里”的庭院深远之境，从而达到妙极自然的艺术境界。

中国园林美，美在“虚实相生”。园景空间布局讲究开合对比，阴阳和谐，动静相宜。入口处堆叠假山、景石，形成障景，以实现欲扬先抑、豁然开朗的空间效果；花窗、洞门等建筑要素的合理运用，能使得园景隔而不断，完成空间序列的有机过渡，或将精心营建的一隅之景纳入框中，以体现入画之妙，或借园外的四方之景，以扩大景深；山水相依的空间格局，则能上观实景，下观水影，树影婆娑，山影缥缈，园内实景与水中虚景相映成趣，光影灵动。

中国园林美，美在“诗情画意”。山贵有脉，水贵有源，山水是中国园林的基本骨架。中国园林在长期的发展中形成了“以园入画、因园成景”的造园传统，园林中的掇山理水皆遵循画理，符合画本，讲究主从分明，步移景异，注重中、近、远景的整体处理，以产生平远、深远、高远的不同游园体验。园景不仅具有形式美，而且富有神韵，从山水画中沿用而来的写意手法造就了中国园林简远、疏朗的构景特征，结合各种诗文景题，使得园林意境生动，以其特有的风姿神韵向世人展示一幅幅或台榭金碧、或清秀明洁的山水画卷。

中国园林美，美在“巧宜精雅”。“高方欲就厅台，低凹可开池沼”，建筑选址均讲究因地制宜、得景随形，依乎山水之形，就乎山水之势，掩于繁茂草木之中，与自然相互融糅。园林建筑类型多样，亭台楼阁、厅轩廊榭、门窗桥舫等都应适得其所，尺度适宜，且造型精美、风格典雅，与周围环境相互渗透，于人工中创自然。

中国园林美，美在“草木繁茂”。园林中的一花一木，均被赋予了独特的人格品性——松坚贞不屈、梅傲霜斗雪、竹高风亮节、菊活泼多姿、柳柔丝千缕、兰清丽脱俗，荷馨香高洁，这是儒家比德思想的产物。园主的精神趣旨，则会在草木品种的选择和营构中一一尽显。植物配置也凭诗格取裁，随画意铺点，并重姿态。窗外花树一角，则折枝尺幅；山间古树三五，幽篁一丛，乃模拟枯树竹石图。植物不仅能有效地融汇自然与建筑空间，而且能够烘托出特有的园景主题和意境，从而实现园林生境、画境、意境的三者统一，体现“园以景胜”“景因园异”的园林意趣。

中国园林美，美在“文人情怀”。园林是文人修身养性的乐土和安顿心灵的家园，使得鸢飞戾天者游园息心，经纶世务者窥景忘返。文人雅士们在园中风雅聚会，诗酒唱和，一山一水、一石一木，均成为他们寄托情志、抒发愁绪的物质载体，这也成就了中国园林独具的人文特征。园中的各处楹联匾额和诗词景题，均是文人们“神与物游，思与境谐”的产物，不仅是中国传统文化的珍贵遗产，同时也赋予了中国园林更多的内涵性和故事性，使其更具可游、可赏性。

…………

中国园林从苑、囿、台的雏形一路走来，经过数千年传统文化的浸润、洗礼，成就了它本于自然高于自然的美学特征，承载了中华儿女对栖居的不懈追求。天地有大美而不言，中国园林就像是表达天地之美的语言符号，将这种追求赋予在亭台楼阁、小桥流水中，飞鸟游鱼、花香蝉鸣中，楹联匾额、点景题词中，幻化为盎然的生活气息。正如宗白华所说：“各个美术有它特殊的宇宙观与人生情绪为最深基础。”中国园林就是这样一种“美术”，它融糅了中国道、儒、释的哲学观，山水画、山水诗的艺术观，以及关于安居、祈愿的风水观，是中国式审美意识最生动的载体。

回望中国古典园林，王侯将相谈古今兴衰，文人骚客赋仕隐情怀，老庄佛禅参天地化育，似乎能在掩映的林木中窥见中国人的独特心灵和璀璨文化。

新版 雅俗文化书系

园林文化

目 录

第三章　风水说对中国园林文化的影响

第四章　园林山水文化

第五章　园林建筑文化

第六章　园林植物文化

第七章　历代文人与园林

第一章

中国园林的发展历程

中国是四大文明古国之一，有着五千年的文明史。园林艺术作为传统文化的一部分，不仅与其他文化一样具有博大精深的内涵，又有其自身的特点。它是一个丰富的艺术综合体，以山水审美意识为基底，又融合了诗歌、绘画、音乐、雕刻等传统艺术；以道家思想为底蕴，又融合儒家、佛家等多种思想流派的精华。它本于自然却高于自然，是建筑美与自然美的融糅，有着诗画的情趣和意境的含蕴。

中国古典园林经过历代造园家的创造和发展，形成了独特的民族形式和艺术风格，达到了极其高超的艺术水平，与欧洲园林、西亚园林合称世界三大园林体系。中国古代传说的“瑶池”、基督教记载的“伊甸园”、佛教宣扬的“极乐世界”和伊斯兰教描绘的“天园”，是远古时期人们对美好居住环境的憧憬和向往。早在殷墟出土的甲骨文中就有关于“囿”的记载，从那时算起，中国的造园活动已有三千多年的历史，经历了生成期（殷、周、秦、汉）、转折期（魏、晋、南北朝）、全盛期（隋、唐）、成熟期（宋、元、明、清初）和成熟后期（清中叶、清末）五个历史时期，形成了皇家园林、私家园林、寺观园林三种主要园林类型。

第一节 神灵崇拜，山水缩摹
——生成期

传说三千多年前，西周天子周穆王曾坐日行千里的马车，由京城出发，千里迢迢地来到昆仑山上的瑶池，会见西域首领西王母。当周穆王和他的卫队到来时，盛装以待的西王母站在瑶池边上，以最隆重的礼节迎接来自远方的尊贵客人。瑶池如镜，绿草如茵。周穆王将带来的大量珍贵礼物送给西王母，西王母则捧出各色丰盛的西域名肴、特产奶酒和葡萄酒盛情款待周穆王。据《穆天子传》载，西王母居住的瑶池"宫阙层城千里，玉楼十二。琼华之阙，光碧之堂，九层伭室，紫翠丹房。左带瑶池，右环翠水……所谓玉阙暨天，绿台承霄，青琳之宇，朱紫之房，连琳彩帐，明月四朗……轩砌之下，植以白环之树，丹刚之林。空青万条，瑶瀚千寻。无风而神籁自韵，琅然九奏八会之音也"。瑶池碧波浩渺，风光奇异，使周穆王如痴如醉，乐而忘归。西王母的瑶池传说从侧面反映了古人对美好居住环境的憧憬和向往。

王母娘娘的"瑶池仙境"只是一个虚化的园林，而从殷墟出土的甲骨文中关于"囿"的记载，则说明了殷商时期是中国造园活动的开端。奴隶制社会后期，随着生产力的进一步提高，农业、畜牧业、手工业以及各种杂务劳动逐渐分化。人们的活动重心从原先的狩猎、渔猎向种植、圈养转移，于是有了专门用于栽植与圈养的场地，被称为"园圃"。在解决了生活的劳务后，奴隶主和帝王们就有了足够的时间进行狩猎活动。那些狩猎的地方常常是禽兽较为集中的植被茂盛的山丘或水域。据《史记》记载，商纣王扩建了沙丘的园林苑台，捕捉大量的野兽飞鸟，放养在沙丘。这些与圈养、狩猎有关的场地被称为"囿"。

这个时期，生产力水平很低，人们不能科学地认识自然，无法科学解释天狗吞日、电闪雷鸣等自然现象，以为是触犯了神灵。因而，人们对许多自然物和自然现象感到神秘，并怀着敬畏、崇拜的心情去理解自然。山是人们见到的体积最大的自然物，它高入云霄，有着拔地冲天、不可抗拒的神秘力量，这与神仙居住的环境相吻合，因此被人们认为是神仙在人间居住的地方。可是，登山毕竟路远且山势险峻，于是人们便想到就近修筑高台，代替高山。登上高台，人不仅可以观天象，而且可以"通神明"。帝王自诩天子，并希望借助高台使神仙下凡，得到长生不老的灵丹妙药。因此，帝王修筑高台的兴致很高。商纣王听说鹿台所在的地方（今河南淇县）是个福地，于是驱使大批奴隶花了七年的时间修筑了鹿台。周文王在距离镐京（今西安市长安区以西约20公里处）不远的地方修建了一处场所，修筑了一座高大的"灵台"，挖了一个宽阔的"灵沼"，种植奇花异卉，圈养珍禽异兽，并称它"灵囿"。此时，作为中国园林的雏形，囿、台、园圃三种形式得以产生。

到了春秋战国时期，人们在改造自然的过程中渐渐发现大自然没有之前想象的那么神秘，把自然山水作为欣赏的对象，山水的审美价值慢慢地被人们所认识。"山水"一词也就成了大自然的代称。这一时期，由狩猎通神的囿发展出以台为中心、台与苑相结合的形式。各诸侯国君纷纷在城外建造离宫别苑。这时期的宫苑，虽还保留着栽培、圈养、通神、望天的功能，但其游憩、观赏的功能已上升到主要地位。其中，吴国的姑苏台因巧借了大自然山水环境而最为著名。

姑苏台位于吴国都城吴（今苏州）西南12.5公里的姑苏山上，山上风景秀丽，怪石嶙峋。姑苏台始建于公元前505年的吴王阖闾十年，后经吴王夫差长达五年的续建才完成。公元前492年夫差战胜越国，自此以后他得意忘形，在国内大兴土木，以求享乐。越王勾践深知夫差嗜好盖造宫室，兴建亭台楼阁，便采用辅国大夫文种的"伐吴计谋"，送去能工巧匠、建

◎ 苏州姑苏台遗址

筑良材，让吴国大造宫殿、高台，耗尽其资财，疲乏其民力。一次，越王勾践命三千木工进入山林伐木一年，伐了大批上等的木材，并将所有良材进行了加工。其中有一棵梗楠树，木质硬朗而挺拔，越王就令匠人精工雕刻成盘龙花纹大柱，抹上丹青，又镶嵌白玉，错彩镂金，金光闪闪。加工完之后便派文种献给夫差，用来建造富丽堂皇的宫殿与高台。夫差看了后喜出望外，不听伍子胥的劝阻，立刻收了这批良材。当时这批来自会稽的粗大木材，把山下所有的河道、沟渠都塞满了。夫差用这些良材改建成规模宏大的馆娃宫殿，用铜钩玉槛加以装饰，作为西施的寝宫。吴王把宫苑全筑在山上，还在山间开凿了水池。宫苑因山成台，连台为宫，连绵千里，建筑极其华丽。吴王拥宫嫔数千人，在此游山玩水、泛舟荡漾、饮酒作乐。姑苏台的选址和建筑的营建，充分利用了自然山水环境，将建筑与山水巧妙地结合，形成了山水相依、自然浑朴的风格。

战国末年，由于社会的动荡不安，人们很想逃避自己所不满的现实生活，便幻想自己能远离苦海，成为“无牵无挂，云游四海之外”的仙人。加上当时诸子百家争鸣，人们的思想比较解放，激发了人们对神仙的幻想。于是，原始宗教中的鬼神崇拜、山岳崇拜与老庄的道家思想相互融糅，产生了神仙思想。它把原始中对神灵居住在高山的幻想，演化为一系列的神仙境界。其中，东海仙山神话内容丰富，在民间广为流传，因而对园林的发展产生较大的影响。

相传在离“归墟”不远的海面上，漂浮着五座仙山，名叫岱舆、员峤、方壶（方丈）、瀛洲和蓬莱。山势巍峨挺拔，山上有许多美丽的亭台楼阁，是众神居住和娱乐的场所。然而，有一件事使众神们感到十分苦恼，就是尽管仙山上有吃不完的美味珍果，玩不腻的异景名胜，但这五座山却是没有根基的，它们在海上就像漂泊不停的船一样，随波逐流，动荡不安。后来为了解决困境，海神禺强找来了十五只巨大的神龟，命它们以三只为一组，每组派一只背负一座仙山，其余两只在旁守护，每六万年轮换一次。起先由于巨龟们忠于职守，仙山从此稳定下来，这使众神们非常高兴。谁知好景不长，有一天龙伯王国来了几个巨人，逮走了岱舆和员峤下的六个神龟，由于失去了神龟的支持，这两座仙山随海流和狂风向极地漂去，沉没在海底，最后只剩下方壶、瀛洲和蓬莱三座仙山。东海仙山的神话传说是古代人们的一种海市蜃楼的幻想，这个有趣的神话故事在一定程度上促进了园林的发展。在神仙思想占主导的园林里，模拟的神仙境界实际上就是山岳景观和海岛风光的再现，这在秦汉时期的皇家园林中非常盛行。

◎（清）袁江《阿房宫图》（局部）

秦国经商鞅变法后一跃成为战国七雄之一，公元前221年，秦始皇灭六国，统一天下，建立了中央集权制的封建大帝国。园林被赋予了皇权色彩，秦朝开始出现真正意义上的“皇家园林”。

秦始皇幻想自己能长生不老，永享富贵，于是方士们告诉他：只要自己来无影去无踪地出没于各个宫苑之间，凡人就摸不清你的活动规律，你就可以像神仙一样的长生不老了。方士们这番神仙说辞很迎合始皇的心理。求仙心切的秦始皇大受其蛊惑，立刻在咸阳大兴土木，修建了上林苑和阿房宫。他命人建造了无数的复道、甬道，将各个宫殿连接起来，几乎无须经过露天完全由室内通达。这样既保证了始皇的人身安全，又让别人摸不透他的行踪，犹如神仙一般无影无踪。始皇一生十分迷信神仙方术，多次派徐福率童男童女赴东海仙山求取长生不老的灵丹妙药，希望永享荣华富贵。在多方寻求毫无结果的情况下，他退而求其次，在兰池宫挖池筑岛。据《元和郡县图志》记载，秦兰池宫在咸阳县东二十五里，水池东西二百丈，南北二十里，引渭水到池里。始皇命人在池中模拟海上仙山，筑了蓬莱山，并刻了长二百丈的鲸鱼石。将自然山水缩摹在始皇的宫苑里，目的是满足他接近神仙的愿望。兰池宫堆岛筑山、模拟神仙境界的做法，比之前筑台求仙更具有意境的联想，为汉代宫苑中求仙环境的营造奠定了基础。

汉代是中国发展史上的一个重要阶段，各种文化都得到了长足发展，园林艺术亦是如此。皇家园林是西汉造园活动的主流，在继承秦代皇家园林的传统上有所发展和充实，多在郊野山林地带兴建离宫别苑，上林苑是其中最具特色的一座园林。

上林苑位于长安的西面，是秦朝的旧苑，汉武帝时将其扩建，它南傍终南山，北滨渭水，占地面积广，是中国历史上最大的一座皇家园林。汉武帝也十分迷信神仙方术，他效仿秦始皇，模拟神仙起居环境，建造了各种各样的水景区。在昆明池的东西两岸分别设置了牛郎、织女的雕塑，用池水象征天上的银河。这两件石像至今保存完整，当地人称石像为石爷、石婆。建章宫西北面的太液池中布置了三个岛屿，象征蓬莱、方丈、瀛洲三座仙山。另外，上林苑中的植物配置也相当丰富，尤其有群臣进贡的奇树异果，称得上是座大型的植物园。上林苑不仅满足了帝王通神求仙的欲望，还有游憩、居住、朝会、娱乐、生产等功能，无疑是座多功能的皇家园林。

◎ 西汉《上林苑斗兽图》

生成时期，园林从无到有，功能上从以生产、狩猎、通神、求仙为主，逐渐演化为以游憩、观赏为主。人们对自然界充满了畏惧感，思想上处于崇拜神灵、崇拜自然的阶段。皇家园林规模宏大，通过单纯地模仿自然山水以达到观天象、仿仙境、通神明的目的。

第二节 玄学清谈，市隐归园
——转折期

魏晋乱世之间，由于战乱频繁、政局动荡、门阀横行，导致中央集权瓦解。儒家的权威信仰、正统地位也随之受到了动摇，一些士大夫为了迎合统治者的需求，用道家思想来解释儒家经学。儒、道、释、玄诸家争鸣，老庄、佛学与儒学结合形成了以“贵无”为主体的玄学体系。玄学家重清淡，主张返璞归真，超脱世俗。士大夫中大多是玄学家，他们寄情山水、崇尚隐逸，以玩世不恭的态度反抗封建礼教的束缚，追求个性的解放，形成了所谓的“魏晋风流”，以号称“竹林七贤”的嵇康、阮籍、山涛、向秀、刘伶、王戎及阮咸七人为代表人物。于是寄情山水、崇尚隐逸逐渐成为社会风尚。人们接近大自然、欣赏大自然，对山水的审美意识取代了过去对自然所持的神秘、功利和伦理的态度。以山水自然美为题材的艺术创作开始出现，其中陶渊明对后世园林美学的影响尤为深远。“倚南窗以寄傲，审容膝之易安”，“园日涉以成趣，门虽设而常关”，“抚孤松而盘桓”，“乐琴书以消忧”，“登东皋以舒啸，临清流而赋诗”，艺术化的生活境界成为后世许多造园家追求的目标。在这种艺术氛围里，山水园林一改过去单纯地摹仿自然山水，而是适当地加以概括、提炼，以山水为园林的基本构架，把对山水的欣赏提高到审美的高度，初步形成了自然山水式园林的艺术格局。

在没落、无为、遁世和追求享乐的思想影响之下，士大夫希望通过回归自然，求得洁身自好，以隐逸生活为至乐，着意体味自然山水之美。他们游山玩水、隐居山林，希望过着陶渊明笔下所描绘的“桃花源”式的生活。隐士们以隐逸野居为高雅，且并不满足一时的游山玩水，希望能长时间的占有和享用大自然。私家园林作为一个市隐归园的场所，因赢得了众多名士文人的青睐而逐渐兴起。私家园林有建在城市或近郊的城市型宅园、游憩园，也有建在郊外的庄园和别墅。

据北魏的《洛阳伽蓝记》记载，洛阳一些达官贵族争着建造宅园，还相互夸耀、攀比。“崇门丰室、洞房连户，飞馆生风、重楼起雾。高台芸榭，家家而筑；花林曲池，园园而有，莫不桃李夏绿，竹柏冬青”。宅园有人工开凿的水体，花团锦簇，绿树成荫，还有形式各异的园林建筑。城市私园多为官僚、贵族所经营，以满足他们奢靡的生活享受，是他们争气斗富的手段。

◎（明）仇英《金谷园》（局部）

西晋的石崇，以奢侈闻名，晚年辞官后，退居在洛阳城西北郊金谷涧畔的“河阳别业”,即金谷园。据他自著《金谷诗》:“余有别庐在金谷涧中,或高或下。有清泉茂林,众果竹柏药草之属,田四十顷,羊二百口,鸡猪鹅鸭之类莫不毕备。又有水碓鱼池土窟,其为娱目欢心之物备矣”,金谷园是石崇吟咏作乐的场所,以满足其游宴生活的需要和晚年安享山林的乐趣。这是一座临河的、地形略有起伏的天然水景园,有前庭和后院之分。随地势筑台凿池,楼台亭阁极其华丽,建筑雕梁画栋,内外金碧辉煌。园外引来金谷涧的水穿流于建筑物之间,河道上可通游船,岸边可供垂钓。园内池沼碧波,茂树郁郁,修竹亭亭,百花竞艳。整座庄园,恬适宜人,犹如天宫琼宇。谢灵运贬官永嘉太守后,遨游山水,在祖父谢玄始宁别墅的基础上整修拓建了一座拥有诸多景观建筑的庄园。他的《山居赋》详细地介绍了别墅的开拓过程:如何利用山水地形营造景观,建筑布局如何与山水景观相结合。还叙述了庄园的水、草、竹、木、野生花卉和鱼、鸟、野兽等动物资源的分布状况,以及农田耕作、灌溉的情况,勾勒出一幅大自然淳朴的情景和自给自足的庄园图景。《山居赋》不仅是一篇山水诗文的佳作,还反映了士大夫们对大自然山水美的热爱和领悟。谢灵运的始宁山居在设计上已充分注意到借景手法的运用,湖光山色可一一欣赏,使人置身于高山之巅的轩馆中,犹如面对多变而又绝美的山水画卷。南朝刘慧斐游玩庐山,被明媚的山水和宁静的环境所吸引,遂建造了离垢园,这种利用园林隔绝外部世界的生活态度和建园思想得到了当时和后世文人名士的普遍首肯和效仿。北周庾信建小园,并有《小园赋》传世,以小而精的布局被后世文人津津乐道。庄园、别墅表现的山居风光和田园风光、蕴含的隐逸情调是文人、隐士们“归园田居”的精神寄托。

这一时期的皇家园林也有了一定的发展。东汉末年,洛阳已有皇家园林十余所之多，魏、晋时期在东汉旧有的基础上又加以扩建，芳林苑就是其中之一。芳林苑在洛阳城内北偏东，魏文帝时又加以修复，新增了宫苑和城池。《魏春秋》记载了扩建芳林苑时魏文帝亲率百官参与造园活动，他们用太行谷城山上的白石英及紫石英五色大石子建造芳林苑。苑的西北面，用各色文石堆筑成土石山，山上广种松、竹；东南面开凿了水池，取名为“天渊池”，引榖水绕过苑中主要殿堂前，形成完整的水系。沿水系设置了各种水景，雕刻了精致的小品，形成很好的景致。苑内种植了松柏竹木，豢养了许多山禽杂兽，还有一些供演出活动的场所。另外，“流觞曲水”的苑景设计也开始出现，每年的三月上巳，帝后在此流杯饮酒，举行修禊活动。可以说，芳林苑是一个以仿写自然、人工为主的皇家园林。从布局和功能来看，它不仅继承了秦汉苑囿缩摹大自然山水景观的特点，又在此基础上加以概括、提炼，创作手法从写实趋向于写意与写实相结合，被以后的皇家园林所模仿。

佛教和道教的流行，使得寺观园林兴盛起来。唐代诗人杜牧曾作《江南春》，“南朝四百八十寺，多少楼台烟雨中”，生动地说明了南北朝时期寺院数量之多。当时“舍宅为寺”的风俗盛行，贵族官僚把自己的邸宅捐献出来作为佛寺。原居住用房改为供奉佛像的殿宇和众僧的用房，宅园原样保留为寺院的附园。城市中心地段的寺、观，内部各殿堂庭院也多采用树木绿化来点缀，创造幽静的环境。另外，郊野地带的寺、观往往都位于风景优美的地方，“深山藏古寺”就是惯用的艺术处理手法。这三种情况形成了寺观园林。寺观园林不同于一般帝王贵族的苑囿。它已经有了公共园林的性质。帝王臣贵各造苑囿、宅园，独享其乐，而穷苦的庶民百姓，只有到寺观园林中去进香游览。如今保存完好的佛寺建筑，如泉州的开

◎ 泉州开元寺石塔

元寺,是一座规模宏大的千年古刹,它是由佛教建筑与塔组成的寺院丛林。当时最大的寺院,应推建康(今南京)的同泰寺(今鸡鸣寺)。杭州的灵隐寺和苏州的虎丘云岩寺、苏州北寺塔等,皆在此时陆续兴建。

这一时期,在以自然美为核心的美学思潮影响下,中国园林初步确立了再现自然山水的基本艺术原则,造园手法从写实趋向于写意与写实相结合。私家园林异军突起,天然清纯的风格包含着隐逸情调;皇家园林的游赏活动代替求仙、通神的功能而成为主导;寺观园林拓展了造园活动的领域。

第三节 细致雕琢,诗画融糅
——全盛期

隋朝结束了魏晋南北朝后期的战乱状态,隋文帝勤俭治国、爱惜民力，社会经济一度繁华，隋炀帝即位后则荒淫奢靡，造园之风大兴，并“亲自看天下山水图，求胜地造宫苑”。他除了在首都兴建宫苑外，还到处筑行宫别院，其中西苑最为著名。

西苑兴建于隋炀帝大业元年（公元606年），在洛阳宫城的西面，是继汉武帝上林苑后最豪华壮丽的一座皇家园林。其主要景观是海、渠、诸山和台榭楼阁，并从四处收集了珍奇异兽、花草树木，充实园内的景观。从《隋书》记载的“西苑周二百里，其内为海，周十余里，为蓬莱、方丈、瀛洲诸山，高百余尺，台观殿阁，罗塔山上。海北有渠，萦纡注海，缘渠作十六院，门皆临渠，穷极华丽”，可以看到西苑是一座人工叠造的山水园，其布局不仅沿袭了汉代以来“一池三山”的宫苑形式，而且还明显地受到了南北朝时期自然山水的影响。该园以湖山水系为主体，台观殿阁等建筑融于湖光山色之中。苑内以龙鳞渠为全园的一条主要水系，贯通供嫔妃居住的十六院，使每个庭院三面临水，嫔妃们可泛轻舟画舸，唱采菱之曲。各庭院都栽植了杨柳修竹，名花异草，种植了蔬菜瓜果，还饲养了家畜。植物与建筑相互掩映，隐露结合，进一步丰富了全园景致。十六院以建筑为中心，以水道的方式将各院串联成一个有机的整体，形成园中有园的小园林集群。多层次的山水空间、富丽堂皇的殿堂楼观和精心安排的植物配置，足以看出西苑不仅是个复杂的艺术创作，还是一个庞大的园林工程。其创作手法由写实推进到了写实与写意相结合，标志着中国古典园林全盛期的到来。

唐代是中国园林营造的大发展时期。华清宫是唐朝所建的著名皇家园林之一，因骊山山形秀丽闻名，更因杨贵妃赐浴华清池而闻名。骊山除了四季景色各异，还有得天独厚的天

◎ 临潼华清宫

然温泉，深受历代君王的喜爱。周幽王曾留恋这片山水，留下了“烽火戏诸侯”的典故；秦始皇始建温泉宫室，取名“骊山汤”；汉武帝在此基础上又加修葺；隋文帝不仅修建宫室，还种植了千余株松柏；唐太宗则在此处营建“汤泉宫”，后被唐玄宗改作“华清宫”。唐玄宗对这里的环境情有独钟，不仅将其作为沐浴疗疾的场所，并且在此长期居住，处理朝政。因此，该区域逐渐建置了一个完整的宫廷区，它与骊山北坡的苑林区相结合，形成了规模宏大的离宫御苑。该宫苑以长安城为蓝本：宫廷区相当于长安的皇城，苑林区相当于禁苑。宫廷区的南半部为温泉汤池区，分布着八处供帝后妃嫔和其他皇室人员沐浴的汤池。其中，御汤九龙殿是专为玄宗和杨贵妃沐浴的地方，最为精致奢华。九龙汤的西南是海棠汤，用石料砌成，形似盛开的海棠花，因杨贵妃在此沐浴，故称贵妃赐汤。此外，还有星辰汤、太子汤、少阳汤、尚食汤、宜春汤和长汤等多处汤池。精雕细琢的玉石雕刻，从侧面反映了唐代宫廷造苑愈发精致，特别是由于石雕工艺已经娴熟，宫殿建筑雕栏玉砌，显得格外华丽。苑林区内，造园家利用起伏多变的地形布置园林建筑，大殿小阁鳞次栉比，亭台楼榭相互连接，奇树异花点缀其间，风光秀丽，浑然一体。

盛唐时期，文化艺术空前繁荣。诗歌方面，唐诗是中国古典诗歌发展达到高峰的体现，仅据《全唐诗》收录，诗人达两千二百余人，诗歌近五万首。李白、杜甫、白居易等，都是这一时期的著名诗人,诗文的内容包含了唐代社会生活的方方面面。在绘画方面,出现了擅长绘山水画的李思训、善于画佛道人物的吴道子,此外,阎立本、阎立德兄弟所绘的反映汉藏友好关系的《步辇图》,也是在这一时期的著名画作。在书法方面,柳公权的书法对后世有很大影响,笔画清劲遒美,人称"柳体"。唐代的诗画技术与造园艺术互相促进,共同发展。造园家与文人画家相结合,运用诗画传统的表现手法,将作品描绘的意境情趣应用到园林创作之中。画家所提炼的构图、层次和色彩,极大地丰富了唐朝时期的造园技巧。

这一时期科举制度的实施为广大知识分子创造了入朝当官的机会。然而官场的尔虞我诈,升迁与贬谪的无常时常困扰着他们。于是他们把目光投向了园林,希望借助园居生活而得到短暂的解脱。他们居庙堂而寄情山水,居山水而心系庙堂。园林在某种程度上满足了士大夫阶层仕与隐的企望。此时,读书人的"隐逸"行为已经不再是目的,真正的隐士越来越少,更多的则是"隐于园"者。另一方面,许多文人担任地方长官,出于对当地自然风光的向往,积极参与风景开发,并营建自己的私园。他们对自然风景有着深刻的理解,对自然美有着高度的鉴赏力,因而,这些士大夫所建之园,不仅在造园技法上表现了诗画的情趣与意境,同时也把自己对人生哲理的体会、宦海沉浮的情感融于园中。此类园林被附上了文人的色彩,于是就出现了"文人园林"这一新形式,士流园林所拥有的清新雅致的格调得到了进一步的提高和升华。

王维(700－760)是盛唐时期著名的诗人、画家,知音律,爱佛理。他晚年在辋川谷(今陕西蓝田县南约20公里)宋问之的辋川山庄的旧址上营建了辋川别业。辋川别业总体上以自然风景取胜,在自然中取景,相地造园,用植物和山川泉石等自然景物命名园内景观，共二十个景点。园中建筑形象朴素，布局疏朗，小桥亭台，以配合山水之美为目的点缀园中。虽为“点缀”，也极求其美感。王维偕同裴迪等友人经常赏游园中、赋诗唱和，尽情享受回归大自然的乐趣，两人共写了四十首诗，分别描述了二十个景点的情况，结集为《辋川集》。从他们的诗中可以领略到山水园林的意境美和诗人抒发的情感。王维还绘有一幅《辋川图》长卷，用他擅长的画笔对二十个景点加以细致地描绘，这使得辋川别业更加闻名遐迩。辋川别业、《辋川集》、《辋川图》的同时问世，从侧面反映了山水园林与山水诗画之间密切的联系。

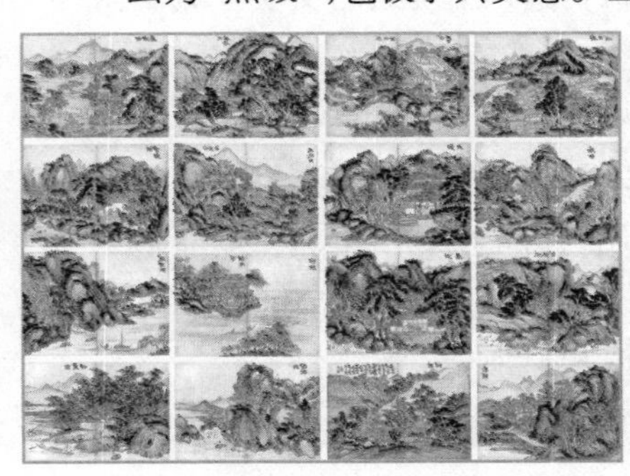

◎（唐）王维《辋川图》

白居易（772－846）是唐代伟大的现实主义诗人，有“诗魔”和“诗王”之称。他不仅是负有盛名且影响深远的诗人和文学家，还非常热爱园林。在他的诗文中，有许多诗歌和文章都是描述或评论山水园林的。他曾参与了西湖景观的营造，修筑了白沙堤，还先后主持营建了自己的四处私园：洛阳履道坊宅园、庐山草堂、长安新昌坊宅园和渭水之滨的别墅园。庐山草堂建筑朴素，力求与自然环境相契合。草堂景色四季各异，千变万化，犹如多变的水墨画。白居易58岁定居于履道坊宅园，从此不再出仕。74岁时曾在此举行“七老会”，以文会友。该宅园的设计着眼于“幽”，以幽深获得闹中取静的效果。白居易对竹子情有独钟，植物配置以竹林为主，竹占了宅园的九分之一，水占了宅园的五分之一，环望四周，水面旷远，植物苍翠，使人居于城中而有水乡之感。园中还建有琴亭、石樽、中岛亭，以及石、竹配置而成的园林小品。白居易借造园寄托身居庙堂而向往隐逸的情怀，以泉石竹树陶冶性情。

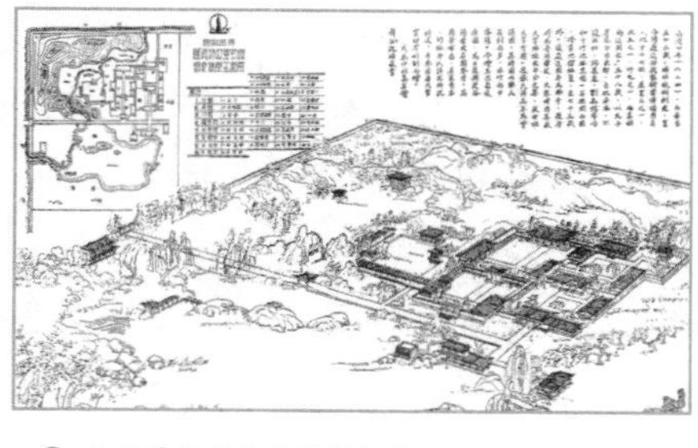

◎ 白居易履道坊宅园设想图

此外，这一时期公共园林已更多地见于文献记载。在经济、文化比较发达的地区，一般都有公共园林，作为文人名流聚会饮宴、市民游憩交往的场所。唐长安城东南隅有芙蓉园、曲江池，是在秦汉宫苑的基础上修建而成的风景区。隋文帝称其为"芙蓉园"，因苑中水面很广，加上芙蓉花盛开，故称水池为"芙蓉池"。唐玄宗时对水池重加疏浚，因水流曲折而恢复"曲江池"旧名。园内林木蓊郁、池水清澈，宫殿环池营建，楼阁起伏，景色十分优美。当园内的荷花盛开时，成为都城的第一胜景。诗人杜甫曾写下了不少脍炙人口的描绘曲江芙蓉园的诗句。园分内苑和外苑，内苑为皇帝专用的小园，外苑为皇帝与大臣们饮酒游玩之处，也是文人曲水流觞之所。曲江游人最多的日子是每年的二月初一、三月初三、九月初九等节日，长安的皇亲贵族、黎民百姓都会来园中游玩。每年的三月初三，按照古代修禊的习俗，皇帝和嫔妃们到曲江游玩并赐宴百官。曲江沿岸张灯结彩，池中泛画舫游船，百姓穿着节日的盛

◎ 西安大唐芙蓉园

装出游。春天的曲江格外热闹，新科及第的进士在此举行“曲江宴”，皇帝和长安城的百姓都会前去观看。曲江宴之后，还会在附近的杏园内再度宴会，称为“杏园宴”，并举行探花活动。

全盛时期，山水画、山水诗文、山水园林互相渗透，皇家园林的皇家气派已经完全形成，宫廷御苑设计愈发精致、华丽；私家园林着意刻画园林景物的典型性格以及追求局部的细致处理，艺术性提高；公共园林的不断发展，为广大文人和普通民众的聚会、游憩提供了场所，并丰富了城市的绿化效果。

第四节 写意抒怀，技艺纯熟
——成熟期

宋代城市商业和手工业空前繁荣，资本主义开始萌芽，城乡经济高度发展，带动了科学技术的长足发展。高墙封闭的里坊制已经名存实亡，被繁华的商业街所替代，张择端的《清明上河图》描绘了商业街热闹的景象。喧闹的市井生活更直接地进入了市民的住宅，人们渴望拥有一个可供休息和玩乐的地方，因此可居、可游、可玩、可赏的园林逐渐在富裕阶层和文人雅士中流行。这一时期，文人士大夫的生活情趣和审美意识普遍高雅化，他们崇尚简约淡泊，追求温文儒雅。除传统的琴棋书画外，品茶、古玩鉴赏和花卉观赏开始盛行。他们爱石成癖，米芾每次得到一块奇石，必立刻整好衣冠对其膜拜，并称它为石丈；苏轼则因爱石而创立了以石、竹为主体的画体。文人大多以自己的意志情感参与造园活动，追求景观意境的情与景相结合，借诗画作为园林规划设计的蓝本，并通过文章详细记述造园过程。他们将大自然的景致进行提炼、概括，创作手法趋向写意，以少胜多，以一当十，以小见大。山水、泉石、树木花草成为文人造景的重要题材，通过它们寓情于景，以抒发内心的情感。他们喜爱在园中题词点景、书写匾联，给园林赋予了诗化的特征，极大地提升了园林的品位，深化了意境的含蕴。

宋代在用石方面，也有较大的发展。叠石、置石都显示了高超的技艺，园林太湖石"漏、透、皱、瘦"的选择和评价的标准流传至今。理水与石山、土石山、土山的堆叠相配合，构筑园林的基本地貌骨架。建筑技术方面，李戒的《营造法式》和喻培的《木经》分别是官方和民间对当时发达的建筑工程技术实践经验的理论总结。园林观赏树木和花卉栽培技术在唐代基础上又有所提高，培养了丰富的花木品种，并涌现了大批相关书籍。除了《洛阳花木记》这类综合性著作外，还有专门记述某类花木品种的，如《牡丹谱》《兰谱》等，为植物造景提供了多样的物种选择。掇山理水、植物配置等技艺的发展促进了宋代造园风气的兴盛。

宋徽宗酷爱山水，喜欢把玩和欣赏奇石，对奇石有独到的鉴赏力。他为了营造艮岳，方便把四处搜集的石头运到都城，先在苏州、杭州设置了"造作局"，后又在苏州添设"应奉局"，委派朱勔主管"应奉局"及"花石纲"事务，专司搜集民间的奇花异石，并动用了上千艘船只专门从江南运送山石花木，舟船相接地运往京都开封建造宫苑。现在苏州、扬州、北京等地都还有"花石纲"遗物，均奇异不凡。艮岳是一座大型的人工山

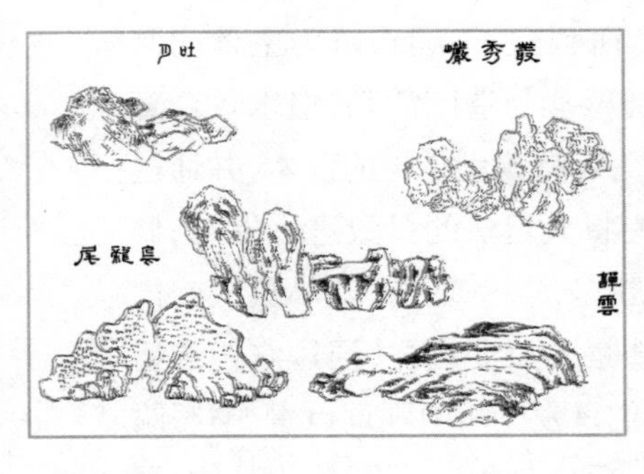

◎ 艮岳奇石

水园，它以山、池作为全园的骨架，筑山所用石料全是从各地搜集来的奇珍异石，以太湖石、灵璧石为主。该园象征性地模拟杭州凤凰山，把天然山岳作典型化的概括，以独特的构思筑造了一个主位分明、有远近呼应、有余脉延展的完整山系，体现了“众山拱伏、主山始尊”的山水画构图规律和“布山形、取峦向、分石脉”的画理。山因水而俊秀，绵延不尽；水因山而灵动，潺潺不息。池中有洲，洲上植梅或种芦，亭和榭隐隐约约的显现在花树之间，造园的意境富有情趣。园中建筑均依山势水形而建，疏密错落，不仅可远眺近览，其本身也是一个观赏点，具有使用与观赏的双重作用。园内植物漫山遍野，品种丰富，配置方式除了孤植、丛植、混交外，还有大量的成片栽植，形成一片花木的海洋。艮岳是一个典型的山水宫苑，不仅有园林假山之最的美誉，还融合了山水之妙，其精湛的叠石理水技艺，为以后元、明、清的宫苑营造积累了丰富的经验。

从元朝中国转入异族统治时期到明初战乱刚刚平息这段时间，经济处于停滞阶段，造园活动总体而言无甚建树。直到明朝中叶，由于农业、手工业有了较大的发展，造园的风气才又恢复兴盛，并在明末清初时达到了高潮。这一阶段的园林，大体是在传承宋代园林风格的基础上作进一步发展。“画不过意思而已”，不求形似、而求超然物外的绘画风格直接影响到这一时期的造园艺术，并出现了以山水局部来象征山水整体的更为深化的写意手法，在掇山上则表现为截取大山一角而让人联想到山的整体形象的处理手段。景题、匾额、对联在园林里的普遍应用犹如绘画构图中讲求落款题词,将绘画、诗词、书法三者结合,使园林艺术更密切地融合诗文、绘画的趣味,更显诗情画意和深远意境。

明清时期绝对君权的集权统治,使得封建专制秩序和礼法制度达到顶峰。这直接影响到皇家园林,造成了皇家园林规模宏大、气派十足的整体风格,著名的大内御苑包括西苑、兔园、景山、御花园、慈宁宫花园等。其中,西苑经过元、明、清初三代的增建和改建,扩充了太液池的范围,完成了北海、中海、南海三海的布局,并在琼华岛上和太液池沿岸增添了许多建筑物,奠定了此后的规模和格局。清初皇家园林造园的重点在离宫御苑,而兔园、景山、御花园、慈宁宫花园等大内御苑则基本保持明代的旧观。在离宫御苑的兴建中,康熙帝主持兴建了畅春园和承德避暑山庄,并扩建了香山行宫,就是后来的静宜园,雍正皇帝则扩建了圆明园。

另一方面,明清文字狱大兴,严重束缚了知识分子的思想,整个社会处于压抑的状态。文人士大夫由于内心的苦闷而流露出摆脱封建礼教束缚、追求个性解放的意愿。他们通过园林陶冶性情,抒发自己的政治抱负和思想情操。园林广泛深入市镇,以前属于士大夫的私家园林已经融入了各个阶层。人们为了满足家居生活的需要,在城市里大量建造以山水为骨干、饶有山林之趣的宅园,以满足日常聚会、游憩、宴客、居住等需要。但由于受地域地形的限制,需在有限的天地间蕴含无尽的风貌,才足以展示主人的情操和抱负,于是小型写意山水被普遍接受,小型庭院式的园林风靡城镇。这一时期的私家园林以江南园林为主要成就,如“休园”“影园”“拙政园”“寄畅园”等,这些园林的审美意识和意境创造都是以

"小中见大""须弥芥子""壶中天地"等为基本手法的。建筑在园林中起了重要的作用,成为造景的主要手段,建筑类型和空间形式多样,多使用亭、榭等形式来组合配景,使风景与建筑巧妙地相互融糅。

丰富的园林实践活动在一定程度上促进了造园技术的发展。建筑方面,装饰更趋向于精致,木结构技术在宋代的基础上继续完善,出现了《鲁班经》、《工段营造录》、《工程做法则例》等关于技术成就和经验总结的文字流传。叠山方面,石材和技法都趋于多样化。植物栽培技术方面,也有相关专著陆续发行,如中国最早刊行的花卉园艺专著——《花镜》。

值得一提的是,这个时期有了造园艺术理论的总结性成果,即明代计成《园冶》一书的问世。在这以前关于园林的经营原则、艺术技巧和实际建造经验,没有形成理论规律,只有在诗词、游记等文学作品中有片段的描述。然而《园冶》却是一部有关园林系统性和总结性的专门著作。全书共三卷,第一卷为造园总论、选地、立基和各种单体建筑的形象案例,第二卷介绍各式栏杆及其式样,第三卷则包括门窗、墙垣、铺地、掇山、选石、借景等内容。全书三万多字,既有计成对实践经验的总结,也有对园林艺术独创的见解和精辟的论述,还有园林建筑的插图二百多幅。《园冶》反映了当时的园林面貌和造园艺术水平,而且直至今天对中国的造园活动仍有指导意义。除此之外,这一时期还出现了明代李渔的《一家言》、明末清初文震亨的《长物志》等其他有关园林的理论成果。

宋代的封建文化虽已失去了汉、唐的宏放风度,但日益缩小的精致境界中却体现着从总体到细节的自我完善,并且园林创作手法也由全盛时期写实与写意相结合完成了向写意的转化。明清时期的园林已绝非简单地模仿构景的要素,而是有意识地加以改造、调整、加工、提炼，通过丰富的造园手法和愈加成熟的造园技术，表现一个精练概括、浓缩的自然。园景既有“静观”又有“动观”，从总体到局部，都包含着浓郁的诗情画意。

第五节 风格互鉴，园中有园
——成熟后期

清朝进入乾隆盛世之后，社会稳定、经济繁荣，给大规模的造园活动提供了有利的条件。乾隆皇帝不仅有着极高的汉文化修养，喜欢游山玩水，还对园林怀有极大的兴趣。他曾六下江南，足迹遍及扬州、苏州、无锡、杭州、海宁等私家园林精华汇集之地，在巡视中凡是认为有可借鉴的地方，都叫随从画下来，并带回去仔细研究，竭力仿效。乾隆皇帝主持建造的皇家园林汲取了大量江南私家园林的造园手法，甚至直接仿造了不少江南园林的景点。乾隆时期，皇家园林的建设工程几乎没有间断过，陆续对西苑、静宜园、静明园、圆明园、畅春园以及承德避暑山庄进行了扩建和改造，皇家园林有了长足的发展，不但将自然景观与人文景观融为一体，还仿各地名胜于一园，形成了园中有园、大园套小园的风格。圆明园早先是明代的一座私家园林，康熙皇帝赐给了四皇子，就是后来的雍正皇帝，当时的规模要小得多，仅有前湖、后湖区域。雍正皇帝即位后的第三年对它开始扩建，把其改为离宫御苑。园内新

◎（清）沈源、唐岱《圆明园四十景图咏》（局部）

建了一个宫廷区，是雍正上朝听政、宴请外藩、寿诞受贺的地方，也是他和后妃们生活的地方。园子逐渐向四面扩展，将园外多块沼泽地划入园内，改造成各类水体，用河渠将它们串联起来，还把东湖开拓为福海，并沿它的周围开凿河道。园林建筑主要沿山形水系布置，雍正皇帝曾在这里题写了正大光明、九州清晏、坦坦荡荡等“圆明园二十八景”。乾隆皇帝做皇子的时候住在园内的长春仙馆，把桃花坞作为他读书的地方。他即位后，对圆明园进行了第二次扩建，新增了曲院风荷、坐石临流、别有洞天等十二景，有了“圆明园四十景”，并将长春园、绮春园纳入园中，总称为圆明三园。嘉庆皇帝时期对绮春园和圆明园进行了修缮，并添建了一些殿宇。至此，宏伟壮丽的圆明园大体上形成了。咸丰、同治时期，该园几经战火破坏，又被数次修复。

圆明三园以人工开挖筑造的山水地貌为造园的骨架，用水作为造景的主题，巧妙地利用北京西郊泉源丰富的地理优势，把泉水引到园中，用溪涧的方式构筑水系，同时把水系作为构图上分区的界线。假山和人工堆筑的堤、岛、洲与水系相结合散布在园中，形成大大小小近百处自然空间，既有江南水乡烟水迷离的凝练再现，又不失皇家园林庄重、高贵的气魄。每处空间各具特色，形成相对独立的小园，每个小园相当于一个小型的景区，即园中之园。小园一般都以建筑为中心，除了极少数用来处理政务的殿堂外,其他建筑的外观朴素雅致,与自然环境比较协调。

以圆明园为代表的大型人工山水园,因其平地造园,存在尺度上的不协调,即横向延展面积极广,纵向人工筑山起伏很小,容易出现园景过分空疏、零散、平淡的缺点。为了避免这样的矛盾,造园家们将园子化整为零、集零成整。他们在园内设置了一、两个比较开朗的大景区,把许多较为幽闭的小景区、景点隐藏在其他剩下的区域中。每个小景区、景点都自成单元,并且主题、建筑形象、功能也都不相同,它们不仅是相对独立、各具风格的完整的小园林,而且还是大园林不可分割的有机组成部分。这就是典型的大园包含小园、园中有园的“集景式”园林风格。

圆明园有万园之园的美称,它的百余个小园林都有各自的主题,其来源极为广泛,许多景点是乾隆皇帝六下江南时汲取江南园林的特点,按他们的规划布局仿建在御苑之内。例如:圆明园中直接套用苏杭园林景观的题名,像“平湖秋月”“三潭印月”“雷峰夕照”“狮子林”等。“坐石临流”通过三面人工筑山、引水成溪的布局来浓缩和再现绍兴兰亭的崇山峻岭、茂林修竹、流觞曲水的意境;“坦坦荡荡”则援引了杭州西湖“玉泉观鱼”的鱼泉相戏、悠然自得的主题。有些小景点甚至直接以江南某些园子为创作蓝本,像圆明园内的安澜园仿海宁的陈氏园,长春园内的茹园则是仿南京的瞻园。圆明园除了仿江南的园林风格外,还在长春园的北

◎ 北京圆明园西洋楼遗址

面一带建造了一些欧式宫苑，俗称西洋楼，它们是由当时来华的西洋传教士设计并督造的。其中包括六幢欧洲巴洛克风格的建筑物、三组大型喷泉、若干园林小品，六幢建筑物分别为：谐奇趣、蓄水楼、养雀笼、方外观、海晏堂和远瀛观。建筑的柱式、檐口、基座、门窗、栏杆、扶手都参照欧式做法，坡屋面没有采用中国传统建筑的做法起翘，但在屋脊和外檐的雕刻装饰上却融入了不少中国式的纹样，如鱼、鸟、宝瓶等，雕琢得十分精美。人工喷泉在当时被叫作“水法”，三组喷泉分别在谐奇趣、海晏堂和远瀛观附近。西洋楼整体上是一组欧式园林，它的规划一反中国园林自然式布局，突出表现了欧洲古典园林轴线控制、均齐对称的特点，但融入了中国院落布局的某些特征，在东西方向上用建筑将它划分为有节奏的三段。

◎ 北京颐和园佛香阁

皇家园林模仿江南园林山水特色不仅反映在圆明园内，颐和园、承德避暑山庄之内也能看到。颐和园模拟杭州西湖，它不仅表现在山水地形的处理上，还表现在前山前湖景区的景点布局上。例如湖面的形状仿西湖，西堤六桥仿苏堤六桥，湖中也有湖心亭式的岛屿，园中有雷峰塔式的佛香阁，山麓有模仿无锡寄畅园的谐趣园，有模拟扬州瘦西湖“四桥烟雨”构思的长岛“小西泠”一带，还有仿苏州江南水乡风光的后湖苏州街。避暑山庄湖区的金山亭再现镇江金山江天一览的胜景，烟雨楼仿嘉兴南湖的烟雨楼，文津阁仿宁波的天一阁。园外拱卫山庄的“外八庙”集中了汉、满、蒙、藏等民族的寺庙建筑风格，金碧辉煌、气势磅礴。万树园当年曾是一派草原风光，设有许多蒙古包，清朝的皇帝在这里接见、宴请少数民族上层首领和外国使节。另外，江南常见的园林建筑如游廊、爬山廊、拱桥、亭桥、平桥、舫、榭、粉墙、漏窗、洞门、花街铺地等，以及堆叠假山的技法也被大量使用在皇家造园中。临水码头、石矶、驳岸的处理，水体的开合变化，以及用平桥划分水面空间等方式都借鉴了江南园林的艺术创作手法。在皇家园林中仿建江南名胜，绝不是简单的“克隆”，而是艺术的再创造，造园家结合北方的自然条件，使用北方的造园材料，并且迎合北方的鉴赏习惯，在讲究工整规律、精致典雅的风格中融入了江南私家园林的自然质朴、清新素雅的诗情画意。这一时期，民间的造园活动遍及全国，结合各地的自然、人文条件形成了具有浓郁乡土气息的造园艺术风格。私家园林不像皇家园林那样占有大片的土地，出于丰富园内景观内容的需要，往往借助园外的景观。巧于因借是私家园林的一大特点，通过借景的手法使园内外的景观有机地结合起来，借他物为我所用，丰富了园景，给有限的空间以无限的延伸，寓无限于有限之中，如拙政园借景园外的北寺塔就是私家园林借景的典型佳例。值得一提的是，在这一时期岭南地区私家造园活动日趋兴旺，在园林布局、空间组织、水石运用、花木配置等方面逐渐形成自己的特色。最终，形成了岭南园林与江南园林、北方园林三足鼎立的局面。扬州是这一时期私家造园活动的主流集中地之一，瘦西湖既具有皇家园林高大壮丽的特色，又兼

◎ 扬州瘦西湖五亭桥

◎ 扬州何园玉绣楼

有江南私家园林精雕细琢的造园技艺。何园是扬州最大的私家园林,分住宅部、寄啸山庄和片石山房三部分。何园在中国传统造园艺术的基础上,融入了西洋建筑的格调,形成了自己的特色。其"前宅后院"划分的并不那么明显,双层回廊曲曲折折,贯穿整个院落。与归堂正厅的大门两侧采用玻璃窗采光。玉绣楼的主体建筑采用法式的百叶门窗、日式的拉门、法式的壁炉和铁艺床,还在地面设通风孔、地下建近两米高的透气层等。

清末政治动荡不安,国民经济崩溃,加上受到西方文化的冲击,造园理论探索停滞不前,园林创作也由全盛走向了衰落。但中国园林的造园手法却被西方国家所推崇,在西方的一些国家掀起了一股"中国园林热"。中国园林"虽由人作,宛自天开"的意境,深刻体现了中国的人文思想内蕴,是传统文化造就的艺术珍品。

第二章

道、儒、释思想对园林文化的影响

李格非在《洛阳名园记》中说：“园圃之废兴，洛阳盛衰之候也。”可是，在风雨飘摇的历史中，在亭台楼阁的变迁中，园林作为一种文化艺术，其兴衰之变该归因于何？园林是为了补偿人与自然环境相对隔离而创设的“第二自然”，关乎人类生存，当然由生存哲学所决定。由道、儒、释哲学所架构的中国文化，重伦理而轻宗教，人的生存向度总是游离于入世、出世之间，生命态度常常徘徊于积极、消极之间，而中国园林无疑给了他们观照生活、直面自我的物质空间与精神空间。多少迁客骚人在园林之中谈古论今，多少诗词文赋在山水之中一挥而就，多少离歌别曲在长亭之外遏云止水……，道、儒、释可谓是中国文化之泉源，浸染了园林文化，主宰了中国园林的山水审美意识，决定了其风格演变。

第一节 道法自然，天人合一
——无为而治

在道、儒、释三大中国传统思想流派中，道家思想对中国园林的影响最为深远。中国园林是自然山水式园林，其艺术风格形成于政治最混乱、思想最活跃的魏晋南北朝时期。该时期权威信仰动摇，儒家经学逐渐解体，“道法自然”“无为而治”的道家哲学思想深入人心，文人往往通过诗画创作、隐逸山水以达到寄情抒怀的目的。道家主张的崇尚自然、逍遥虚静、无为顺应、朴质贵清、淡泊自由、浪漫飘逸等哲学原则直接影响了中国古典园林的美学观和设计手法，因而造成了中国园林在最初就走了一条与崇尚理性的西方园林完全不同的道路。

在道教传说中，东海有蓬莱、方丈、瀛洲三座仙山，“此三神山者，其传在渤海中，去人不远；患且至，则船风引而去。盖尝有至者，诸仙人及不死之药皆在焉。其物禽兽皆白，而黄金银为宫阙”。中国帝王宫苑的意识形态是有神论的，封建帝王都梦想通过长生来获得王朝的永久统治，三神山就是历代权贵寻觅的理想乐园之一。历史上首位完成中国大统一的帝王——秦始皇就十分迷信神仙方术，曾数次派方士赴传说中的东海三仙山求取长生不老之药，但都没有成功，于是只能退而求其次，在自己的兰池宫中挖池筑山模仿仙境，正如《秦记》中所记载的，“始皇都长安，引渭水为池，筑为蓬、瀛，刻石为鲸，长二百丈”，以满足其接近神仙和渴求长生的强烈愿望。秦始皇模拟仙境的造园活动赋予了园林独特的浪漫主义情怀和意境联想。汉武帝继承并发扬了这一传统，在上林苑的建章宫中，挖太液池，筑湖中三岛，分别象征传说中的蓬莱、方丈、瀛洲三神山，对道教神学所描述的超脱世俗的虚幻世界进行模仿再现。建章宫因而成为史上第一座以“一池三山”自然仙境为造园题材的园林。此后，“一池三山”成为中国传统园林的经典布局模式，南朝宋文帝时期的真武湖、唐代大明宫后苑中的太液池、圆明园的福海和蓬岛瑶台、北海琼华岛等，都是这一思想指导下的产物。

神仙思想实质上是原始的神灵、山岳崇拜与道家的老、庄学说融糅混杂的产物。其中，昆仑山、蓬莱、壶天是中国人心中的三大神域模式，这些神域不仅是道家追求的理想圣地，也是中国传统园林早期模仿的对象。将仙境和神域自然化并作为创园蓝本，是“天人合一”哲学思想在中国古典园林中的最初表现形式。

老子说：“**道常无为**。”“无为”是“道”的核心思想，要求人们顺应万物的本性及其内在规律，并认为自然—人类—社会同源同构，万物都遵循着“**人法地，地法天，天法道，道法自然**”的规律，因而“自然”是“道”追求的最高境界。“道法自然”建立了道与自然的联系，暗示了整个宇宙的运行法则。这种自然美学观反映在造园上，即一切取法自然，师法自然，追求“虽由人作，宛自天开”的造园意境。

中国园林发展到后来，对仙境神域的模拟逐渐发展到对现实山水的仿写，以山水为园林的基本构架，“源于自然，高于自然”，成为中国古代造园的基本指导原则。园林之美，贵在自然，自然者存真。在这种尊天抑人思想的影响下，中国传统园林开始推崇大巧若拙、不事雕琢的天然美，表现在具体的造园过程中，即园林选址和布局注重从大环境中借景，充分尊重和利用基址条件提炼自然美景，景物的布局安排尽量遵循因地制宜的原则，“**宜亭斯亭**”“**宜榭斯榭**”“**高方欲就厅台，低凹可开池沼**”，不刻意追求中轴对称的布局形态，“景到随机”“得景随形”，将人工美和自然美相互融糅，造就出“天人合一”的园林景观。

◎ 北京颐和园借景玉峰塔

颐和园是以昆明湖、万寿山“北山南水”的格局为全园骨架的大型天然山水园。该园以杭州西湖为规划蓝本，借鉴江南园林的造园手法和意境，以其独具一格的江南情怀，在北方大气硬朗的建筑群落中，显得分外柔美而独特。昆明湖的水域划分，万寿山与昆明湖的格局关系，西堤在湖中的走向以及周边环境的营造处理，都与杭州西湖有着异曲同工之妙。颐和园将这种借各地山川名胜来模拟造园的手法发挥得淋漓尽致：昆明湖西北水域与扬州瘦西湖之间、藻鉴堂的建筑布局与圆明园的"方壶胜境"之间、谐趣园的山水格局与无锡寄畅园之间、后湖的苏州街与江南水乡街肆之间……都有一种"似与不似"的关系。此外，颐和园也充分利用了借园外之景的造景手法，充分利用地貌景观的外向性和开阔度，将园外数十里的西山群峰和玉峰塔，都纳入园中，扩大了景深，使园外之景与园内之景浑然一体，形成了颇有画面感的近、中、远景，宛如一幅立体山水画卷，在有限的园林空间内创造出山外有山、景外有景的无限意境。

江南私家园林用地有限，更是将"师法自然""是其所是"的造园准则渗透到园景布局的方方面面，借景手法的应用也更为普遍。被列为中国四大名园之首的拙政园，其营造就牢牢遵循了"因地制宜"的原则，成为生态造园的典范。据《王氏拙政园记》和《归园田居记》记载，拙政园园地"居多隙地，有积水亘其中，稍加浚治，环以林木"，"地可池则池之，取土于池，积而成高，可山则山之。池之上，山之间可屋则屋之"，反映出拙政园依据原有地形多积水的特点，汇水为池，形成湖、池、涧等类型丰富、各有千秋的特色景观。

◎ 苏州沧浪亭

苏州沧浪亭的掇山理水则充分遵循自然之形态，全园景色简洁古朴，素雅大方。山有宾主朝揖之势，水有迂回萦绕之情，各种云峰石迹，妙和自然，参乎造化，亭廊建筑也是按照山水地形骨架而进行点染，充分遵循了"树无行次、石无定位"的自然布局模式，山水相宜，表现得法，不以工巧取胜，而以自然为美。此外，该园的最大特色在于"景非借而不美"，沧浪亭上的撰联"清风明月本无价，近水远山皆有情"，恰好道出其中情趣。在沧浪亭的主景山与园外护城河河水之间，隔着一条蜿蜒曲折的复廊，墙上开有漏窗，将园内之景和园外之景通过复廊互相引借，使山、水、建筑有机相融，虚实相生，相映成趣。这种将园林景物完美地与城市有机融合的造景手法，弱化了园林的边界，营造出"人道我居城市里，我疑身在万山中"的多层次景观意境。

"天人合一"哲学观的第二个层面在于"与天地参"，即人性与天道合二为一，追求自然无为，实现主客观的和谐平衡，在艺术中则表现为"神与物游，思与境谐"的审美意识。东晋陶渊明《桃花源记》中描述的世外桃源所蕴含的道家隐逸思想和自然审美情趣对后世园林意境的营造影响甚广。"达则兼济天下，穷则独善其身"，文人造园家力求摆脱传统礼教的束缚，主张返璞归真，寄情山水。

唐白居易的庐山草堂，以原木为庭柱，不上红漆，墙也只是让泥瓦工简单涂抹，而不刷白，"乔松十数株，修竹千余竿。青萝为墙援，白石为桥道。流水周于舍下，飞泉落于檐间"，具天然去雕饰的简朴风格，宛似画家笔下的荒郊野趣图。白居易贬官江州，饱经宦海沉浮、人世沧桑的他向往隐逸山林、独善其身，庐山草堂的山水泉石成为其寄托情思的重要载体，他在此"仰观山，俯听泉，旁睨竹树云石"，从而达到"外适内和，体宁心恬"的游园心境。"拙政园""网师园""濠濮间"等园名和景题也都反映出文人的隐逸思想。其中,拙政园园名借用了西晋文人潘岳《闲居赋》中的"拙者为政"之意;网师园则借旧时"渔隐"之意,含隐居江湖的意思。其园内的山水、小品都成为园主寄情抒怀的对象,蕴含着浓郁的隐逸气息。"会心处不必在远,翳然林水,便自有濠濮间想也,觉鸟兽禽鱼,自来亲人。"园中的山水泉石、草木花卉、鸟兽禽鱼,都成为能与人类进行精神交流的审美客体,因而使得寄情于物、思与境谐成为可能,人在山水游憩中获得精神慰藉与解脱。

以无为、出世为特点的道家哲学对园林美学观和布局设计思想具有十分深远的影响,中国传统园林从最初萌芽时期的囿、苑,至魏晋南北朝的自然山水园林、唐宋时期的文人园林,直至明清的写意园林,"崇尚自然,师法自然"一直是其所遵循的原则。在道家思想影响下所形成的中国园林独特的"天人合一"哲学观,本于自然,高于自然,将自然美、建筑美、诗画美有机统一,实现万物和谐的境界。

第二节 贵柔尚静,虚实相生
——虚静观和阴阳观

中国古典园林史上有一座名不见经传的园子,名为亦园,地处苏州,现已湮没。园主人尤侗是清初诗人、戏曲家,其本人在《揖青亭记》中不断设问:亦园有楼阁么?没有。有廊榭么?没有。有假山么?没有。那怎么能是园呢?在园东南有揖青亭一座，可是亭也没有窗棂、幕帘。那是为何？园主说了，“凡吾之园与亭，皆以无为贵者也。”而这个号称“无”的园子却坐拥十景，远近胜景尽收眼底，“举大地所有，皆吾所有，又无乎哉？”何故？尚无是也。“无”是什么？老子在《道德经》中说“埏埴以为器，当其无，有器之用。凿户牖以为室，当其无，有室之用。”以“无”作为本体，虚以涵容，静为动始，这便是道家的虚静观。

魏晋社会动乱，名士狂狷放荡、玩世不恭，以隐逸山林饮酒服食为乐，借以麻痹内心，回避世事。这就是玄学化育之下的魏晋风流，堪称中国历史上自诸子百家以来的第二个哲学鼎盛时代。深受礼教濡染的文人在社会动荡之中无以立足，价值观念被摧毁，心中郁结孤独愤懑，无所宣泄。转而冲击礼教，在道家影响之下开创了文艺、思想上异彩纷呈之局面。园林亦是如此。园林作为人们精神上的追求，在这一时期正孕育着变化，可以说自然山水园从此与文人开始关联，园林作为栖居隐逸场所而无形之中熏陶感召着文人，使园景成为寄情、移情的精神空间。随着历史的发展，文人特有的风度随山水园传承下来，他们或仕或隐，或处江湖或居庙堂，在繁花向晚、亭台掩映之地总能寻得一丝半缕的慰藉。人生如园，虚以涵万千气象临危难不惧，静以纳古今兴衰处乱世不惊。就着文人的感性之情与理性之思，虚静观在园林中体现得淋漓尽致。

庭院深深、树影婆娑，路无尽头、水无渊源，楼阁立基错落有致，山水回环屈曲有情。最感于中文里“自然”一词，其意思可理解为：它本身那个样子。道家正是抓住了自然这个要点，方才发展了无为而治的哲学观，于是延伸出虚静观。虚与静，虚在园林中指空间的涵容与意境的营造；静则是动之肇始，动不仅是势之动，更是神之动，所谓“精骛八极，心游万仞。"文人游历名川、寻访大山之后，以园林缩摹山水于市井，将自然"搬"到了家里，而这"搬"的功夫就是中国造园的绝技。"虽由人作，宛自天开"，说的就是这个过程。

◎ 天影融成十里秋

《园冶》"相地"篇中说："涉门成趣，得景随形，或傍山林，欲通河沼。"一派随势成景、因地制宜的风格。中国园林的营建绝不是在图纸上勾勒一番想象，而是充分尊重自然，充分理解自然。从选址、立基布局开始，何处营建馆舍，何处堆叠山石，何处引水以绕，都了然于心，可谓成竹在胸。天地有大美而不言，自然的布局讲求因势利导，通过园林将天地之大美转化为景观语言，说与人听。如绝处落瀑、高处建亭，馆舍台阁错落有致、阶路廊桥互相勾连——这是一个有机系统，是自然的话语。正是如此，园林才形成了避直求曲、贵柔尚静的风格。路是曲折有致，延绵无尽的，人们看到路的尽头消失在茫茫树丛中，实为阻而未断，颇具"无"中还"有"的趣味。水是回环有情，收放自如，不见源头亦不见尽端，穿过桥涵，流过沟涧，随地势而转，一番生机勃勃之象。"坤至柔而动也刚，至静而德方"，园林中水有动静之分，而动与静并非绝对，往往你中有我、我中有你。流水鸣泉表面是动，而体现了大地之沉静，山林之静谧；池湖之水表面为静，实则游鱼竞逐、云影徘徊，一番热闹之象油然而生。湖光写出千峰秀，天影融成十里秋，此谓水是最能体现虚静之物，其无形无影，却能容天纳地。与水不同，山多为崇高厚重的象征，起初山是先民自然崇拜、沟通天人的场所，也是帝王登临、膺受天命之地。后来园林中的台即是自然中真山的描摹。在园林的发展中，山的功能逐渐转向审美，多用以登高远望。山巅设亭，其位虚，而涵远景。苏轼在《涵虚亭》中描述了与揖青亭一样的景观效果：“惟有此亭无一物，坐观万景得天全”，登高望远，景致无不收于眼底。此外，假山则多是丰富了景观趣旨，有些也以登临为用。堆叠假山讲求览尽千峰打草稿，求神似而不求形胜，用湖石的瘦透漏皱与层次肌理塑造玲珑的阴柔美。小径迂回其上，石阶或高或低，或宽或窄，顿生崎岖陡峭之感。景状胜似自然，而趣味甚于自然。假山饰以植物，柔以化刚，两相成景，意趣无穷。简言之，从山水布局而言，虚静观在古典园林中的体现用一句诗作为总结最为贴切：**曲池山倒影，虚阁水生凉**。虚静观成为一种造景与观景的审美逻辑，园林的生机与趣味在虚实、静动之中化为景语，又化为情话。

建筑美与自然美的融糅是中国古典园林的主要特征之一。西方规则式园林以建筑构成中轴线，强化建筑，甚至张扬建筑。而中国古典园林除极少数强调建筑之外，均将建筑隐藏于森森林木中，使之有机成景。把建筑自然化，使之虚化而融于场地，便是古典园林虚静的功力。建筑立基选址强调随地势而变，随水势而转，且发展出了亭、阁、轩、榭、廊等多种形式，与自然融而为一。尽管形式众多，但材质以木、石为主，自然亲切；体量、装饰因需而异，尽显多样风格。园林建筑通透玲珑，隔而不断，视线通于建筑之外，以借四方之景，如廊亭轩榭，可窗含西岭千秋雪，可门泊东吴万里

◎ 苏州拙政园小飞虹

船。这正是虚静之虚。而建筑形式以翘角飞檐取胜，静中有动，直中有曲。如北宋欧阳修所状写的那般，“有亭翼然临于泉上者，醉翁亭也。”“翼然”一词恰恰点出了檐角欲振翅而飞的动势，极富情调。小飞虹是拙政园中一处廊桥，斜跨于河汉上，东接曲廊，西连得真亭。廊桥一跨成拱，曲线柔和，恰若飞虹横卧，正如南朝宋鲍照诗句所言“飞虹眺秦河，泛雾灵轻弦。”朱色柱栏承托弧形卷棚，在水光倒影中灵动轻盈，几欲飞升而去，这正是虚静之静。

道家虚静观是古典园林中得以营造意境的内核，在虚涵景致、静以生势的辩证中，在空间转换、步移景异的变幻中，寓以无中还有、象外生意的哲思。在某种意义上，虚静观可以说是阴阳观的一个部分。那何谓阴阳观？人们一听到阴阳五行之类，多以为这是从周易发展而来的算命占卜的东西，殊不知阴阳观构成了中国文化的根底，尤其道家作了最为重要的演进与发展，从而对中国园林形成了不容忽略的影响。一阴一阳谓之道，世间万物都有阴阳两方面的属性，且阴阳观不是事物一分为二的绝对分割。正如道教阴阳鱼所描绘的，阴中有阳，阳中有阴，方能和合而成万物，往复不已生生不息。道法自然，自然是道追求的最高境界，可以说阴阳观实际上是道家自然主义哲学观的体现，崇尚飘逸洒脱、自由不拘，就园林艺术而言，则体现了空灵质朴的审美意识。虚静观中，虚为阴，实为阳，静为阴，动为阳，故而能虚实相生，动静相涵，创造出园林的意境。在园林中，不论是布局、景观元素，或者意境的创造都离不开阴阳相生的概念，具体包括有无、虚实、动静、抑扬、障透、山水、明暗、开合、藏露、隔连……

中国古典园林以自然为模板，离不开山水的布局与架构。按照阴阳观，“无形为阳，有形为阴，故水为阳，山为阴。”山环

◎ 杭州西湖小瀛洲

水抱、山水相依，一阴一阳、一高一低，就审美而言形成了对立统一的格局，稳定而有生机。起初园林中“一池三山”的构筑模式仅是为了迎合统治者求仙拜神的思想，在而后的发展中，对于岛屿的塑造已经成为一种和谐的审美理念：山水回环、负阴抱阳。小瀛洲位于杭州西湖，相传为苏轼疏浚西湖时堆筑而成，为田字形结构的湖心岛。小瀛洲上开水面，水中以湖石为假山，因而形成了“湖中有岛、岛中有湖、湖中又有岛”的格局。而西湖处在“三面云山一面城”的围合格局中，于是形成了多重山水回环，阴阳相生的景观布局。就审美而言，小瀛洲草木扶疏，构成了空间丰富多变、光影轻盈灵动的景致。若诗词是时间的艺术，那园林必然是空间与时间结合的艺术，峰回路转、柳暗花明，空间形式多样，四季景象多变，强调的是“**阴阳合德**”“**四时合序**”的哲学观。阴阳观认为，太极生两仪，两仪生四象，两仪即阴、阳，四象即太阳、少阳、太阴和少阴。据此，风景园林的空间亦分为太阳空间，如室外；少阳空间，如庭院、天井；太阴空间，如室内；少阴空间，如亭廊房檐之下。而在这些空间布局衔接之时讲求循序渐进的秩序，或柳暗花明的趣味。留园大门位于住宅与祠堂所夹的少阳空间，由室外进入，过渡有序，庭院、夹巷、廊檐空间交替转变，形成庭院深深的幽静之感。一直到古木交柯，水面开敞于眼前，空间由阴转阳，由暗转明，豁然开朗。此外，借景的手法使得观景由近及远，由内而外，加强园林景深，丰富了空间的美感。

阴阳观影响着景观布局，强调的是景观元素之间的和谐，亦影响着各景观元素单体，强调的是单体内部的和谐。湖石选“瘦、透、漏、皱”者，外形婀娜，中空而多玲珑之趣；园墙隔而不断，月门洞开，实中有虚；水系聚散有致，或藏或露，饶有兴味……

阴阳观所倡导的虚实相生是意境营造的基本条件。意境是什么？老子说：“是谓无状之状，无物之象，是谓惚恍。”面对虚实相生的景观，感知它，想象它，从而产生了虚幻，由虚幻而沉醉，这便是意境，亦即老子所谓的大音希声、大象无形。那意境从何而来？中国古典园林视意境为最高境界，景致虚实多变，象外之意丰盈，形成由实到虚，由虚到幻的审美境界。因而园林中涵蕴意境一般需要两个条件：其一，实景虚构、虚实相生。如半圆拱桥横跨水面，与水中倒影合二为一，形如满月，象征团圆和谐。如临水而建的舫，势如离岸之船，象征了漂泊，意指了宦海浮沉的人生……；其二，诗文品题、画龙点睛。拙政园有一轩，名曰“与谁同坐轩”，扇形轩空对着美景，以苏轼《点绛唇》中“与谁同坐？明月清风我”点题，同时辅以杜甫诗句“江山如有待，花柳自无私”为联，道明了人生黍离孤寂之感，只向如画江山寻觅一丝慰藉。

道家虚静观与阴阳观对中国园林的深远影响，正如被誉为“山水画大师”的李允鉌所说：“花园风景由道家观念形成不规则、非对称、曲线、起伏曲折形状，表现了对自然本源、神秘、深远、持续的感受。”

第三节 贵和尚中，皇权至上
——中和理念和伦理秩序观

有人说：与释、道相比，儒对园林几乎没什么影响，甚至可以忽略。其实不然，儒学对中国古典园林的影响颇为广泛，这还得从儒学本身说起。

儒学的发展自孔子始，在各个发展阶段有诸多不同阐释，但始终未离开中和、伦理等思想内核。孔子处于春秋乱世，社会急剧变革，缺失稳定的生活秩序，而孔子以尧舜、文王之治作为参照，提出了“克己复礼”的社会理念。“克己复礼”实际上是一种“正名”，即恢复周礼，人回归其社会角色，因而构建了“君臣父子”的伦理纲常。孔子认为只要每个人按照其社会角色不逾矩，那么社会自然就稳定。儒学这一套强有力的社会伦理历来深受统治阶级喜爱，并被视为维护封建统治的思想工具。与释、道等不同，儒学选择了内圣外王、经时济世的入世理念，这就决定了儒学的发展方向，使得儒学在某种意义上成了中国传统文化的背景哲学。这也决定了中国传统文化体现出浓于伦理淡于宗教的倾向，不讲究信仰，不迷信崇拜，但强调中庸和谐、伦理纲常。

《礼记·乐记》中首次使用了“伦理”一词，说“乐者，通伦理者也。”《乐记》从音乐谈到政治化育，认为音乐与社会伦理是息息相通的。这是因为儒家的文艺充满了理性色彩，将所有情感纳入理性之中，不是为了音乐而音乐，不是为了艺术而艺术，一切的宗旨是表达某种意义，表达特定的规范与意识。中国园林在一定程度上就是这样的艺术，它表征了社会伦理，体现的是儒学的伦理秩序观。儒学也是通过这种"表征"手段影响了中国园林的发展。当然，园林首先是栖居游憩的生活空间，其次才是艺术空间，因而对于儒学来说园林除了"表征"外在的意义之外，应该具有本身的形式与风格，这也就体现了儒学的中和理性的审美意识。

"喜怒哀乐之未发谓之中，发而皆中节谓之和。中也者，天下之大本也；和也者，天下之达道也。致中和，天地位焉，万物育焉。"中庸的审美理念强调是不偏不倚之美，不同于道家、佛家追求精神的超脱，它更在乎现世意义。如果山水画是一种超脱的象征，那用工笔画来描述儒家的审美似乎颇为贴切。就儒学审美观而言，园林艺术强调情感寄托、寓情于景，但对于这个情感尺度的把握十分严谨。儒士宣扬家国天下的志向，寄托在园林中的情感往往是社会志向、人生理想，自然不是儿女情长之类。他们在体味园林乃至营建园林的时候强调了"内圣"，即外在景观都体现了自己的情趣，因而在建筑形制、植物选择等方面极为谨慎，不怪诞，不颓败。君子得道于乐，小人得道于欲，园林对儒家来说，是品德修养的寄托。追求骄奢淫逸并非儒家的理念，反而以含蓄为美，障与露、开与合、抑与扬，不绝对不偏颇，往往互相包含。这即是"发乎情，止乎礼"，体现了"中和"的趣旨。

儒学倡导学而优则仕，认为文人应当居庙堂之高，为生民立命、为百姓谋福祉，但是仕途的浮沉却又让他们望而却步。儒学中"达则兼济天下，穷则独善其身"，为儒士的归隐提供了"理论条件"：致仕则为万世开太平，归隐则乐以忘忧不知老之将至。儒学虽然积极入世，但从孔子开始就有一套应对宦海浮沉的人生哲学。诸多文人历经宦海之后筑园独隐，寄情园林，以饮酒作诗为乐，将自己对于人生、仕途的抱负寄托在园林的一亭一台、一草一木上。文质彬彬、

◎ 吴江退思园“瓶升三戟”

不温不火可以用来形容儒士在园林审美中体现的情趣，一种雅乐，而在文雅外表之下的情怀却不尽相同，这在品题上可见一斑。如网师园，以渔隐立意；如拙政园，以拙者为政立意；如退思园，以尽忠思过立意……。园名所对应的其实是园主人关于致仕和归隐的心理变化，举不胜举的园子至少体现了文人内心的纠葛，理想与现实的颠簸，或许到底应该选择致仕还是归隐，他们自己大抵未必清楚。正如屈原在《渔父》中所写的：“沧浪之水清兮，可以濯吾缨；沧浪之水浊兮，可以濯吾足。”基于这种心理，文人园林里的儒学文化就成为一种背景，世俗与清高融糅，无处不在。尤其在装饰上，如铺地，退思园中用“瓶升三戟”寓意为官“平升三级”，网师园中松树和仙鹤象征“松鹤延年”；如洞门，沧浪亭中葫芦形洞门表达了“多子昌盛”的愿景。正是儒学文化这种世俗与高雅在园林中的融糅，才形成园林艺术雅俗共赏的基础，与复杂的文人心理相匹配，满足了“中和”的审美需求。

与中和理念不同，伦理秩序观在园林中表现得较为直观。儒家的秩序观打破了自然的屈曲有情、依山就水，人为地开辟轴线形成气势恢宏的对称结构。这主要体现在皇家园林的政务建筑、纪念性建筑，寺观园林的大殿和私家园林的起居建筑

的布局上。中国园林毕竟是道法自然的,即便是致力于强调皇权统治的皇家园林也只是部分地构建对称轴线。对称能强化视线,具有庄严肃穆的美感,加之皇家园林中建筑本身就以高大恢宏为胜,轴线的尺度与建筑的尺度恰能协调一致。皇权的威仪不仅体现在尺度上,同时雕梁画栋、美轮美奂的建筑装饰亦彰显了皇室生活的奢华和皇权的威仪,一如中国古代所流传的"瑶池""悬圃"。"瑶池"相传是西王母的居所,"……层城千里,玉楼十二。琼华之阙,光碧之堂,九层伭室,紫翠丹房。左带瑶池,右环翠水……""悬圃"传说为"黄帝之宫",同样是宫阙华丽、草木葱郁。中国皇帝自称"天子",意在表明皇权天赋的合理性,而皇宫的修建亦与传说中天神的居所相仿,起到了重要的象征作用——使得笃信传说的人们对眼下的天子也唯命是从。与天相通的理念伴随着中国园林的滥觞,亦即从起源之时的"台"开始,通神灵、合阴阳的功能已经在中国园林里烙下深印。"通天者,言此台高通于天也","亦曰候神台,又曰望仙台,以候神明,望神仙也","台"继承了古人对山岳的崇拜,而帝王借以膺受天命,登立为天子。当然,仰观宇宙,明察星象的功能自不必多说。古人认为"地法天",地上的布局应该和天上星辰的布局一致,子曰:"为政以德,譬如北辰,居其所而众星共之。"古时城市规划将帝王的居所与北极星对应,抬高地势,与天感应,统帅整个城市布局。这种规划方式体现了对权力秩序的维护。

皇家园林只为皇族及国家权力中心服务,因而私家园林不能逾越其繁华。儒学强调社会角色的回归,即君王像君王一样,臣子像臣子一样。因而,在园林艺术上,私家园林若超越了皇家园林则常要背负"欺君""以下犯上"等罪名。儒学正是以君臣父子一套伦理的体系推演至社会的各个层面,从而形成了“家本位”至“家天下”的封建统治格局。从布局、建筑、空间尺度等方面可以明显看出皇家园林以气势取胜，私家园林以秀巧见长。私家园林“雕梁”精致，但“画栋”甚少，即便有画栋亦不像皇家园林那么富丽堂皇、精美绝伦。如从色彩看，中国传统以黄色最为贵，常见于皇室，而私家园林则多采用粉墙黛瓦。但对于寺观园林，儒学的伦理限制较小，如在建筑装饰方面，佛寺园林的富丽堂皇也是众所周知，但并不被认为逾越了伦理。这主要有两方面的原因，其一是宗教有其独立性，供奉神灵的场所极少受世俗社会的制约，佛、道神明是超越于凡人的，在“天子”之上；其二是在中国文化中宗教信仰的兴衰与皇家的推崇与否相关，寺观园林兴建的高潮必然是皇族推崇的结果，或为维护统治或因自身信仰，皇族礼佛、参禅也是数见不鲜。

皇家园林、私家园林之界不能逾越，同时，不同类型园林内部和谐也是儒学伦理影响的范围。园林空间布局上渗透了尊卑有序、主从分明的理念。尊卑、主从主要是从社会性质的层面来考察，其次是从景观需求的层面来确定。不管是皇家园林、私家园林还是寺观园林内部必然有着这种伦理与和谐的体现。从轴线来说，皇家园林的政务建筑、纪念性建筑，寺观园林的大殿和私家园林的起居建筑的布局都处在“尊”“主”的地位，因而需要强调和彰显。如乾隆江宁行宫府邸的宫廷区，宫门、前朝、后寝院落构成主轴线，同时西侧、东侧的院落又构成四条次轴线，如此主次分明。私家园林园宅有别，宅邸部分是反映儒家的尊卑长幼之序的核心区域，如网师园的宅邸，其主轴线是由轿厅、大客厅、撷秀楼构成，层层递进，主从分明。而园的部分，以观景优劣来强调主次，最适宜赏景处必然布置亭楼，以观园景。佛家虽强调众生平等，但寺庙园林中建筑布局亦体现了主从与秩序，所供奉的佛像不同，则位置不同，既要与佛门故事相匹配，也要考虑信众的需求。寺庙园林表达了佛家的出世，但也是人们世俗活动场所的一部分，或多或少都有世俗的烙印。

◎ 苏州网师园轿厅

儒学把园林艺术作为表达伦理的载体，是一种渗透式的影响，并不像道家、佛家的影响显得那么直接。但只要将皇家园林、私家园林、寺观园林一比较，就可看出儒学严谨的伦理规制和尊卑长幼之序在其中的体现。同时，细细观察则会发现其内部的和谐与统一与儒学的影响也是分不开的。

第四节 智者乐水，仁者乐山
——君子比德

在拙政园中有一水阁架于池水一角，名为“小沧浪”。眉额有文徵明题写的“小沧浪”三个字，北面柱上有对联曰：“清斯濯缨，浊斯濯足；智者乐水，仁者乐山。”上联来自屈原的《渔父》，说的是人该安于沧浪情怀，体现了筑园独隐的志向。在儒家文化的影响之下，文人与园林之间催生了一种“沧浪情结”:沧浪之水,或清或浊总能有所用,如同宦海浮沉,儒士总需要找到一个平衡点,致仕或归隐总要安身立命。下联来自《论语·雍也》中“知者乐水,仁者乐山。知者动,仁者静。知者乐,仁者寿。”孔子将人的智、动、乐与水对应,仁、静、寿与山对应,构建了人与自然感应的天人合一的思维,被称为“君子比德”,体现了寄情山水、修身养性的志向。“小沧浪”的这个对联其实是在宣示一种儒家的隐逸思想以及山水审美意识。儒家一向被认为是积极入世的,隐逸常被认为是道家的专利,儒家与隐逸似乎是风马牛不相及,这中间的问题还得从孔子说起。

◎ 苏州拙政园小沧浪

孔子与众弟子谈人生,曾点说:“暮春者,春服既成;冠者五六人,童子六七人,浴乎沂,风乎舞雩,咏而归。”孔子以一句“吾与点也”表明了他的人生志趣——极富人情的快乐生活。一般认为儒家倡导的无非就是仁义道德、三纲五常的伦理规约,其实这是一种误解。儒家追求“内圣外王”,但“达则兼济天下,穷则独善其身”,这是指“外王”的追求,并非一味地在宦海直行,不顾生死,而是有明确穷达意识作为标准。因而儒士也隐逸,如《论语·公孙长》中说的“道不行,乘桴浮于海。”这隐逸与道家的隐逸不同。道家的隐逸是超脱于俗世的,而一向执着于“内圣”的儒家在隐逸的路上亦有着“不忘其志”的自勉,十分重视品格修养。这个时候,儒家的山水审美意识与伦理意识相结合,人观照山水之时就充盈了自己的情感与品性,所以才有了“智者”“仁者”。这就是君子比德。“比德”

这词在《荀子·法行》中首次被直接表述："夫玉者，君子比德焉；温润而泽，仁也；栗而理，知也；坚刚而不屈，义也。"以玉比拟君子的德性，是儒家思想在美学上的发展，它强调了人与自然的感应，情与景的交融，山水成为人格的再现，物质客体成为主观品德的象征。这一思想对后世产生了广泛深刻的影响，尤其是融汇了文学、绘画等艺术的园林。园林艺术将山水等物质客体纯化为精神品格，强调了主观的感受。

君子比德的思想在中国园林中无处不在，从造园主题、空间布局、建筑、植物和装饰小品等都有显著的体现。

园林主题通过景题、楹联、匾额以及诗词等体现，起到深化景观意境的作用。比德思想开创的"拟人化"的审美意识，以物拟人格的例子在文学作品中不胜枚举。园林主题中的比德思想也是通过文学实现的，如扬州的个园。门上石额写了"个园"二字，因"个"字形似竹叶，且又点明了园以竹石取胜。"秋从夏雨声中入，春在寒梅蕊上寻。月映竹成千个字，霜高梅孕一身花。""个"字的形象生动不仅在于能使人联想到竹影摇曳的景致，同时与文字字形和平仄相关联，赏景与读诗相结合，意蕴绵长。中国文人对竹子情有独钟，常将它与梅等植物一道放于园林、诗词中。竹其实就寄托了园主谦和高洁、顽强不屈的品格，从"个园"的"个"字就可窥得园主的志趣了。再如拙政园的倚玉轩，指的是倚靠着竹石的轩，如文徵明诗句说"倚楹碧玉万竿长，更割昆山片玉苍"。古人将竹比为玉，有"万竿戛

◎ 苏州拙政园倚玉轩

玉”之说,形容竹子摇动碰撞发出的清脆声。“昆山片玉”就是美石。以竹石营造景致,而取了“玉”温润比拟君子的高雅品格,象外之意丰盈有加,意境深远。

中国园林掇山理水,这与山水的审美意识是分不开的。由于比德思想在园林艺术中的渗透,山与水的审美不仅仅是山水本身之美,不论是真山还是假山,溪涧还是河滩,山与水在园林中通过多种形式表达,更多地寄托了静与动的审美志趣。在比德思想中,以山喻指人的仁、静、寿,以水喻指人的智、动、乐,并非侧重于山与水在象征品格时的区分,而是强调了君子人格的养成是多维度的,是“山”“水”相依的。故而在园林中常常体现为山与水是相辅相成的关系,山无水不静,水无山不动。这就直接影响了园林的空间布局。颐和园中,佛香阁、德辉殿、排云殿、排云门等依山而下,构成了直抵昆明湖的中轴线,层层下降,气势恢宏。这座山就是万寿山,原本称为瓮山。乾隆十六年,即庆祝皇太后六十寿辰的次年,命名此山为万寿山,取了山与寿的比拟,寓意寿比南山。

园林建筑本身就是一个复杂的构成,因而比德思想的表达也显得较为繁复。中国传统建筑必有台基与反宇,台基象征地,反宇象征天,通过建筑的营造将天与地意象化了,从而达到天人合一、与天地合德的精神效应。园林中的建筑样式繁多,装饰复杂,而这些装饰其实就是比德、象征的载体。如窗格,以梅花、松树、海棠等植物,以及鹰、凤等动物作为艺术题材,表达园主的精神趣旨。如墙饰以砖雕,通过砖雕的内容来表达内涵。总之,比德思想在园林建筑上主要是泛化在各式各样的装饰中,图案或者文字,有雅的一面,如以松、梅等题材表达君子的志趣与品格;也有俗的一面,如以海棠、蝙蝠等题材寄寓安乐、幸福的美好愿望。

古代文人比德思想往往滥觞于植物，如屈原在《离骚》中以多种香草比喻美人、美德，这样的文化习惯在园林艺术中更进一步，内容变得更为丰富、寓意变得更为生动。当植物作为比德思想载体的时候常常有两种造景形式，一种是单纯以植物作为观赏对象，观其姿态、赏其品格；另一种是植物与山石、亭廊、水体等组合成景，形成象外之象，营造景观意境。《论语·子罕》中有句话："岁寒，然后知松柏之后凋也。"松柏经冬不凋，四季常青，孔子将这个自然现象人格化，以此喻指君子应该不畏艰难险阻，无所畏惧。后世有"岁寒三友""四君子"之说。网师园有"看松读画轩"，轩南植苍松古柏，老根盘结交错，枝头郁郁葱葱，旺盛的生命力令人拍手称奇。顾名思义，看松读画就是赏苍松翠柏所构成的美丽图画，而通过松柏所透露出来的生命力却使得景致达到了另外的深度。文人归隐园林，修身养性，在园内会友读画，以苍松暗指自己品格高雅，矢志不屈。再如荷，"出淤泥而不染，濯清涟而不妖"，被视为清洁品格的化身，是诸多文人墨客追慕不已的植物。因而，园林中凡有水，多植以荷，香远益清，意蕴深长。如拙政园的荷风四面亭、远香堂，沧浪亭的清香馆，西湖的曲院风荷，承德避暑山庄的香远益清等等。再如梅，文人因梅花独步早春、凌寒而开，将其赋予了高雅不屈的品格，喜爱有加，不知吟咏了多少绝唱。北宋林和靖隐居杭州孤山，品性高洁，植梅养鹤，被称颂为"梅妻鹤子。"有佳句"疏影横斜水清浅，暗香浮动月黄昏"流传千古。所谓"与梅

◎ 杭州西湖曲院风荷

同疏，与兰同芳，与莲同洁，与竹同谦、与菊同野，与松柏同寿，与海棠同韵……”植物的人格化是君子比德思想在园林中最普遍的现象，这些植物不仅独具美感，同时已经作为一种文化印迹深深刻在人们的心里。

园林装饰小品也是比德思想的重要载体，往往起到画龙点睛的作用，若少了那一笔，意境难觅。如皇家园林中常用石狮、铜龟、铜鹤等装饰，以象征皇权的威仪与统治的万寿无疆。

世道不清，儒士归隐，但他们不忘内圣之志，于是将情感寄托在园林景观上，君子比德思想就渗透到园林的各个角落。以物喻德，以物寓情。他们观照一景一物无不饱含了自己的道德情怀与人生理想，虽然处江湖之远，心中所想的依然是社会是生民，这是儒家的归隐。比德思想实为儒家的审美意识，将品格修养寓于景物，从而达到“人与天调”的境界。

第五节 人言须弥，意在世外
——禅宗思想

一说到佛家与园林的关系，最先想到的莫过于寺庙园林——顾名思义，为佛事活动而修建的园林。寺庙园林、道观园林合称寺观园林，作为中国古典园林的一个分类，与皇家园林、私家园林并列。从寺庙到寺庙园林，有一个漫长的发展过程。“寺”在秦、汉时期的本义是官署，后来演变为佛教建筑，再后来才是僧人居住地的专指。据传，东汉皇帝刘庄，即孝明皇帝,一日梦见身上散发着白光的神人飞在殿前,他大为愉悦,次日便问群臣这梦中的是何方神圣?群臣说那是印度的得道僧人,名为佛。于是孝明皇帝派遣使者前往印度邀请得道僧人。使者不辱使命请回了僧人,并用白马驮回了佛教的经书。这些人刚刚到洛阳的时候,驻留在鸿胪寺中。此时的鸿胪寺是官署。而后皇帝专门修建供这一行僧人使用的住所,以白马驮经取名为“白马寺”,从此以后的“寺”专门指代僧人的住所,梵语为“僧伽蓝摩”。但这个时候佛只是统治阶级为求长生而信奉的对象,寺内也只有佛塔等一些基本设施。到了魏晋南北朝时期,礼教受到冲击,玄学兴起,道教、佛教为百姓笃信。这可能是因为身处乱世,人们茫然无措,需要寻求宗教的宽慰。佛寺兴建,寺内外的环境亦有了变化。如《洛阳伽蓝记》所记载的永宁寺:“栝柏松椿,扶疏檐溜;翠竹香草,布护阶墀”,“树以青槐,亘以绿水,京邑行人,多庇其下。”寺庙内外环境均形成了园林化的格局。寺庙的营建重选址,重造景,僧人在依山傍水、草木繁盛之地开辟精舍,讲经结社,与文人一道参禅。同时,佛教起初只为贵族信奉,因而不少佛寺不乏富丽堂皇的皇家园林气息。

◎ 镇江金山寺

禅宗是自省觉悟的,通过沉思冥想、直觉观照而顿悟,达到梵我合一、物我为一的境界,是向内寻找精神解脱,追求淡泊自然、清静高雅的“适意”的人生哲学。禅可认为是魏晋南北朝时期佛与道的涵容互摄促成了新的人生哲学。佛吸收了道的自然无为,性空的佛理通过虚无的道学阐释。佛门子弟亦精通道家学说,名僧名士往来论佛、清谈,风度相仿,这为禅的发展提供了肥沃的土壤。寺庙园林的兴起发展其实与禅宗的发展、盛行是同步的。唐代统治者采取了道、儒、释三教并尊的政策,佛教各宗派确立,从而进入了兴盛期。而此时中国古典园林进入全盛期,风格已然形成。寺庙园林的兴造开始在大川名山选址,峨眉山、五台山、普陀山、九华山成为佛教四大名山。在造景布局上必然需要结合佛寺的庄严肃穆与世俗众生的实际需求。如禅寺必有殿堂楼阁、经幢佛塔等要素,且寺内林木苍翠葱郁,放生池碧波荡漾。禅师爱好山林野趣、亲近自然山水。文人与之参禅论道,诗、画、书法、园林等得以与禅互通玄妙,而深深烙上禅意的印迹。在此影响之下,禅文化已然成为中国园林意境审美的不可或缺的部分。

有些研究者将中国园林史看作一部文人园林史是不无道理的,文人精通书画诗曲、晓畅佛理禅意,他们是造园的"能主之人,"在某种意义上来说,园林这种物质与精神的双重体其实就是表达了文人的世界观与价值观。此外,园林是文人精神栖居的场所,他们在亭台楼阁、碧波青荷间吟诗作赋,通过文学、曲艺、绘画等将园林的审美发挥到了极致。说到底,文人的生活态度、文化智识就构成了他们的精神世界与园林相维系的纽带,而禅就是这多种纽带中的一条。文人通过造园赋予园林以禅意,文人又通过游园审禅意之美,品自然之静。具体说来,寺庙园林与私家园林无疑是最渗透禅文化的园林。寺庙园林本就是禅师栖居、供参禅之人寻访的公共园林,雅俗与共,禅意自不必多说。而深受禅文化熏陶的文人不免将禅文化附着于园林之上,企图寻求俗世中的清静与安宁。如留园的静中观、参禅处和亦不二亭在命名与功能上无不渗透了禅意。在参禅极盛的时期，文人在自家开辟禅房，用以修心开悟。那么，寺庙园林与私家园林到底如何受到禅文化的熏陶的呢？

禅宗讲求顿悟，不重礼佛，不著言说，在园林中讲求空与静，在自然的一花一草之间寻求永恒。如李泽厚所说：“禅在作为宗教经验的同时，又仍然保持了一种对生活、生命、生机，总之感性世界的肯定兴趣。”在园林中则体现为“适意”的审美意识，消极面对现实世界，却又不逃离，转而感悟园林山水、自然花草之乐。寺庙园林与私家园林的服务对象不尽相同，其禅文化的体现亦不同。

◎ 昆明西山太华寺

自古天下名山僧占多，寺庙园林多选址于苍林掩映、云雾缭绕的地方。古寺多藏于深山而求一份清静，但寺庙不仅占了那一份清静，更占了名山的空灵与神韵。所谓“山不在高有仙则名”，而那些被寺庙占据的宝地多是山环水抱、非灵则奇。如位于昆明西山的太华寺，万松环翠，草木葳蕤，面滇池而雄踞西山高峰，历经七百年风雨而不倒。这就为禅师与文人酬答唱和提供了理想胜地。远离尘嚣的自然胜景濡染了一份仙气，必然为顿悟添了一份力。而禅修的文人不逃离现实，而是选择了“中隐。”所谓“大隐隐于朝，中隐隐于市，小隐隐于野。”中“隐”的直接结果就是，文人在城市中选一处居所，凿池堆山、筑园成景，与友人赏景参禅、吟诗作赋等，将现实社会的不尽如人意抛于脑后，寻觅一份解脱。因而私家园林其实就是“城市山林”，在高墙围合下，在林木掩映中取一份闹中之静。正如苏舜钦在《沧浪亭》中所说的：“一径抱幽山，居然城市间。”

禅宗强调众生平等，寺庙园林需要为各阶层信徒提供服务，这就决定了它必然是雅俗共赏的。这在布局上尤为明显。寺庙园林需要体现佛的庄严肃穆，因而大殿均是按轴线呈对称布置，而其他观赏、休憩的小型建筑则是依山就势，最大限度地满足景观需求。如杭州灵隐寺，天王殿、大雄宝殿、药师殿排于由山门而上的轴线，且地势依次升高。而冷泉亭、翠微亭等尽观景休憩之用，依山水之势布置。就装饰而言，沿轴线布置的大殿，多是高大恢宏、富丽堂皇，象征了佛的无边与庄严；而其他亭廊等则强调与周边环境融合，体现空灵通透。私家园林亦深受禅文化的影响，但在布局上依然沿袭了因势利导、浑然天成的风格。当然一些私家园林宅园结合，宅则多以规整为主，是园主入世的体现，而园则是园主心灵游憩的空间，布局错落有致，体现为一种别样的出世。

◎ 杭州灵隐寺

“青青翠竹，总是法身，郁郁黄花，无非般若。”芥子纳须弥，禅境由心生，自然的一草一木均是文人、禅师神游世外的依托。据传，释迦牟尼在菩提树下开悟成佛，拈花含笑佛法传到迦叶……花草树木与禅一开始就结下不解之缘。佛教有五树六花之说，五树是指菩提树、高榕、贝叶棕、槟榔、糖棕，六花是指荷花、文殊兰、黄姜花、鸡蛋花、缅桂花和地涌金莲。禅宗继承了对这些植物的文化解读，此外禅宗通过这些有生命的物体去体认世界。花开花落，春去春来，在刹那与永恒的变化中寻求清静与解脱。如在古典园林中湖石边点缀一丛植物，就是用湖石的非生命与植物的生命比较，以一种永恒去观照植物的叶绽叶落的短暂，从颜色、从姿态去体认生命。禅宗影响之下的植物配置并不拘谨于一般寺庙园林的肃穆，反而会通过一些强烈的色彩比较形成视觉冲击，因而如红枫等色叶植物较常见。相比而言，私家园林的植物配置在禅文化影响之下更趋向于意境的营造，或藏或露，或障或透。但私家园林在植物材料选取上没有寺庙园林那么讲究。此外，不论寺庙园林还是私家园林，植物一般有两种用途，一是通过造型、搭配等形成欣赏对象；一是通过植物围合空间。两种都致力于营造意境，形成象外之意，这个也是禅意得以体现的重要前提。同样是竹子，有的是粉墙之下翠竹数竿，梧桐几株，不仅观竹影在墙上摇曳的轻盈舒缓，亦有来凤栖梧的美好寓意；有的是竹子围合形成幽静的空间，如王维诗句“独坐幽篁里，弹琴复长啸；深林人不知，明月来相照”所描述的，形成以竹观照明月的无我之境。

道家文化以尚静贵柔、虚实相涵的变幻中催生园林的意境，而禅则更进一步。道以“无”为要，禅以“空”为本。禅需要妙趣横生的景观营造与空间变化，通过对应、对比、隐喻、象征、点题等手段深化意境，如同禅机一般的反常玄妙。此外，一花一木于禅而言即是菩提，禅在营造意境的时候更加向内，即向人本身寻求解脱，如一些特定的事物，无须一词一句便能体会到充盈的意境，如落花、明月等。“蝉噪林逾静，鸟鸣山更幽”，能闻得蝉噪与鸟鸣，其实就是环境的幽静，当人将直觉的焦点放在这环境中时，则全是幽静之感。不论是寺庙园林还是私家园林，在禅文化的影响之下形成写意的、模糊的空间观，追求“神似”而非“形似”，侧重以景寄情，在园林物质空间中寻求精神世界，在园景中观照自身，最后达成“恬然怡然，硕然悠然，园人合一，冥视六合”的禅的境界。宋代文人园是典型的文人主导的私家园林，其主要特点是简远、疏朗、雅致和天然，将禅的意蕴置于空间开合有致、浑然天成的园林中，使人能在方寸之间遨游于时间与空间的无限之中。

禅认为万物皆有佛性，皆可容纳须弥山，而禅将彼岸世界置于精神与心灵的通达之地，故而对一草一木一石一沙的经验与体会都是参禅。园林空间起承转合、柳暗花明，或幽闭或豁然、奥如旷如，更是禅的机锋妙转、生趣活现。禅求诸内心，追求精神的超脱，入世而又出世，因而符合各阶层人的心理需求。禅文化推动了中国园林的发展，是其写意风格形成的基础，是创造园林意境的条件。

第三章

风水说对中国园林文化的影响

风水是中国特有的文化现象。几千年以来，人们对于风水术的看法毁誉参半，一些人将其视为招财旺运的命数规律，一些人则将其斥为封建迷信的愚昧产物。然而，风水从未从民间消失，从古到今，无论是阴阳宅的选址、家居装潢的布局，还是园林山水的营建，都与风水学说中的诸多理论息息相关。从理性的角度看待风水，我们可以发现，风水实则是古人在长期的生活生产实践中形成的一种以“环境选择”为核心内容的生态观，风水理论中关于相地选址、掇山理水、植物配置等内容，都对中国园林文化产生了深远的影响。

第一节 重重围合，藏风聚气——相地选址

“风水”又称“堪舆”，语出于东晋郭璞的《葬书》：“气乘风则散，界水则止，古人聚之使不散，行之使有止，故谓之风水。”风水最初的目的主要就在于为阴阳宅寻获一处充满“生气”的最佳环境，高垅之地需山川环抱簇拥，平旷之地需水龙界之以聚气，因而，“藏风得水”的理想居住环境需要枕山、环水、面屏，以形成良好的生态小气候。

风水理论虽然从东晋才开始出现，但风水观念可以追溯到人类原始社会的狩猎阶段，在很大程度上是人类进化过程以及民族文化定型和发展期中所逐渐形成的景观吉凶意识。

我们都知道，动物具有择居的本能，人类也一样。在原始社会中，人类具有猎人和猎物的双重属性，经常需要通过庇护、狩猎、捍域等途径来求得生存，这个时候，辨析环境并善于利用环境进行隐蔽和躲藏，便成为人类的一项基本生存技能。人类往往会选择前有遮障、后有庇护的场所作为栖息地和聚居地，这反映了人类最初的吉凶意识。随着人类社会、经济、文化的发展，这种栖息地模式不断得到完善和强化，逐渐积淀成为公众脑中特有的理想景观模式，并进而渗入到民宅布局、园林营建、城市选址等各个方面。

四合院是中国民宅的典型代表，其原始模型产生于奴隶制社会末期，封建社会以后，住宅的封闭性更为普遍，里坊围墙和多进庭院住宅加强了封闭的层次；早期园林的雏形——“囿”“园”，也都是四周加以封闭、围合的场所，此后出现的私家园林，也多隐于筑有高大围墙的深宅大院之内；从城市角度而言，宫城、皇城、内城、瓮城形成环环相套的多重封闭空间，背山面水、重重围合的城市总体山水格局又构成了一道天然的封闭圈，从而满足了古代城市“筑城以卫君，造廓以守民”的防御性要求。这种以屏蔽、围合为主要特征的景观模式，体现了中国农耕文化时期典型的安居理念，满足了人们避凶趋吉的心理需求。

◎ 理想风水模式示意图

关于“左青龙，右白虎，前朱雀，后玄武”的方位选择口诀相信大家都耳熟能详，用四个动物象征东西南北四个星宿方位，被称为“四神砂”模式，这也就是理想风水模式结构的典型特征。口诀上的左右前后是基于面向南方的朝向而言的,即朱雀为南,因而,对应于具体方位,则是北要有连绵的高山作为屏障(玄武),东西要有高高低低的众山体重重围护(青龙、白虎),南面山脉止落之处有水脉相依(朱雀),穴场地势平坦,与周围环境相对独立和隔离,周边通过狭小的豁口和走廊与外界相联通,从而形成"背山面水、负阴抱阳"的多层次风水格局。理想风水模式的形成绝非偶然,它不仅与中国人内心的神域模式同构,而且与中国古代小农经济生产方式所形成的生态观是相一致的。背有靠山有利于遮挡冬季北来的寒风;面朝流水则有利于迎接夏日掠过水面的南来凉风,可享舟楫、灌溉、养殖之便;朝阳之势便于获得良好的日照;缓坡阶地可避免洪涝之灾,并使村落中的民居获得开阔视野;茂盛的植被则具有涵养水源、保持水土、调节小气候的功能,并为居民提供部分薪柴资源。所以,风水模式的核心就是生态选择,与园林"相地"息息相关。

"相地"本为风水用语,指观察山水形势,选择最佳地点。明末计成的《园冶》一书借用"相地"来表明基地勘测和园林选址,并将其作为造园的首要工作。中国古代园林选址所遵循的原则与风水选址原则几乎同出一辙。首先,理想的园林基址应该山水相依,"或傍山林,欲通河沼",这与风水理论中所谈到的"人之居处,宜以大地山河为主,其来脉气势最大,关系人祸福最为切要"等相地原则是一脉相承的;其次,园林营构往往选取幽静偏僻之地,以追求一种逃脱尘嚣、脱离世俗的出世之意,相应地,风水选址也追求山环水抱、屈曲有情这样一种幽静空间,以很好地实现"藏风聚气"的目的;从植物景观上而言,好的园林应"荫槐挺玉""杂树参天""繁花覆地",有草木丰饶、郁郁葱葱之景,这与风水中所提到的"皮无崩蚀,色泽油油,草木繁茂……如是者,气方钟也未休"也是相一致的。因而，园林的选址不仅移植了风水中的“相地”概念，而且借鉴了许多风水相地经验，以寻求风景吉秀之地。

中国历史上许多著名的皇家园林，都以风水思想作为其选址布局的重要准则。北宋大型皇家园林艮岳的选址就是按风水理论来进行的。该园仿浙江凤凰山修建，因其地处宫城东北隅，属八卦的“艮”位，故题名艮岳。根据南宋张淏所撰的《艮岳记》中所记载的，宋徽宗刚登上皇位时，未有子嗣，有堪舆家建议：“京城东北隅，地协堪舆，但形势稍下，倘少增高之，则皇嗣繁衍矣。”由于八卦中东北方的“艮”位象征子孙宗族兴旺，但因原地势较低，所以需在此处筑山，因而奠定了该园以堆山为主的整体风格基调。艮岳内堆砌石高达九十步，同时引开封城中的景龙江水入园，园中奇花异草遍布，珍禽云集，终于造就了山环水抱的人造风水宝地。

历史上将风水理论在造园中发挥得淋漓尽致的莫过于清代著名的皇家园林圆明园，该园的选址立基、山水布局等各方面都渗透着风水思想。圆明园所处的位置——北京西北郊，自古以来就是一块风水宝地，在明代时就因风景秀美而成为众多达官显贵纷纷抢占的“乡村别墅区”。雍正二年（1724年），刚刚登上皇帝宝座的雍正帝打算扩建圆明园，于是命山东德平县知县张钟子等人勘查圆明园风水。风水先生们实地勘探了圆明园的山川地貌，向皇帝报告说，整个园子的地势西北高而逐级向东南平缓过渡，龙脉（绵延的山脉）走向和水流流向在风水上均属于上风上水的位置，在这里建造皇家园林最合适不过了。园内的山脉起于西北的香山、玉泉山和万寿山的龙脉，祖山（龙脉发源处的山）来脉悠远，蜿蜒万里，气势壮大且富有生气。纵观其周围峦头形势，众山环抱拱卫。其中，西山属太行山余脉，北部军都山则属于燕山山脉，而太行、燕山均属昆仑山北龙山系，两山相交形成一个向东南巽方展开的半圆形大山弯，是龙脉入首的位置。西山偏北处为玉泉山，海淀西边则耸立着万寿山，两座山脉交错呈现风水堪舆学上的兴隆象征。圆明园不仅山峦叠嶂，且水源丰富，环抱有情。古时海淀这个地方是永定河冲积"洪积扇"边缘的泉水溢出带，整个地区内地下水水量大且通畅，自流泉在地面低洼处汇成各种湖泊塘沼，作为圆明园水系源头的玉泉山泉水更是被称为"天下第一泉"，被作为帝王的饮用水。充足的山水资源造就了此处优良的小气候特征。这次相看无疑很令雍正心动，此后圆明园便开始了大规模的扩建。据文献记载："圆明园内外俱查清楚，外边来龙甚旺，内边山水按九州爻象、按九宫处处合法……"，除了圆明园选址来脉逶迤悠远以外，园内山水皆以西北为首，东南为尾，全园布局也都暗含着九宫八卦宇宙图式。圆明园内的许多园中园也以风水格局作为基本构成模式进行营建，如绮春园内的"涵淋馆"遗址，其北靠福海，东西两侧则是连绵拱卫的小山，从而形成"山环水抱必有气"的多层次风水格局。

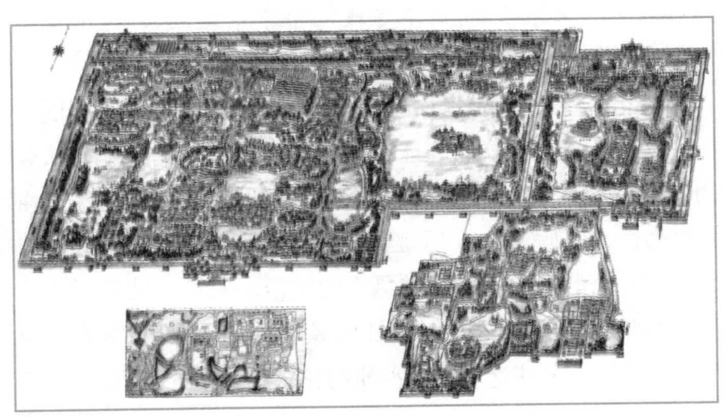

◎ 圆明园原貌图

在现存的皇家园林中,颐和园就是一个典型的北山南水格局。园内的许多大体量宗教建筑都踞于园景的重要控制点上,是风水形势说中“积形成势”“聚巧形而展势”理论的实践应用。该园的主体建筑佛香阁位处整个园子的构图中心,建筑选址北靠万寿山,前临昆明湖,恰好处于一个背山面水、负阴抱阳、藏风聚气的位置,突出了其中心地位,并且很好地对全园起到了统领和控制作用。

风水对于私家园林和文人园林的选址布局也产生了一定的影响。盛唐著名诗人兼画家王维在宋之问蓝田山庄的基础上,巧妙利用自然山水景观,通过精心规划布局,构建华子冈、竹里馆、孟城坳、辛夷坞等园林胜景二十处,名曰“辋川别业”。从王维作品《辋川集》《辋川图》以及朱景玄等历代文人的评论可知,该园“山谷郁盘,云飞水动,意出尘外”,是一个背山面水、三面环山的幽静山水环境,可见,王维辋川别业的园景布局与风水说中所倡导的理想景观模式也是相一致的。此外,以易学原理组织园景布局的著名苏州园林——耦园,其园址也处于大吉之地,该园南有河道,北面枕河,西有大路,东为流水,且“城郭雉堞,岗阜逶迤”,草木葱茏,这种地形使生气凝而不散,是典型的风水环境格局。

除此之外,由于风水最初是为阴宅选址所服务的,因而对历史上众多帝王陵墓的选址布局也产生了深远的影响。从最初的黄帝陵到秦始皇陵、明十三陵等帝王陵寝,无不是在周密地勘察选址以后,在山川形胜的幽静之地营建起来的。其中,北京昌平明十三陵就是阴宅风水的典范。明十三陵建于永乐七年(1409 年),明成祖朱棣命江西风水名师廖均卿等人在北京境内寻找吉祥墓葬之地。风水师们花了两年多的时间,踏遍北京山山水水,最终寻到了这一处山地,并由朱棣亲自踏勘甄选而得，将其封为“天寿山”。此处燕山余脉回环兜收，山势延绵，龙脉旺盛。陵园面南而立，北依耸峙的军都山，南面六公里处的神道两侧有“龙山”“虎山”两山护口，符合左青龙、右白虎的四灵方位格局，具有隐蔽的空间特征。并且，多条溪流自周边山谷流出，向东南奔泻而去，基址平坦，草木丰茂，尽显山环水抱之势。

◎ 北京明十三陵

中国风水中对于围合、庇护、藏匿、捍卫、幽闭性景观的偏好，源自中华民族文化发展中独特的农耕生态经验。因而，风水实质上是一种生态观，它强调的是小环境内部各种综合要素的相互协调，是先民为适应环境而形成的景观认知模式和环境选择学说。如果我们能够剔除风水中玄而又玄的迷信成分，理性对待风水中关于人与环境和谐共生的相关理论内容，那么，风水理论将在现代园林景观应用中焕发出巨大的生机。

第二节 山环水抱，屈曲有情
——理水掇山

“气”是中国风水理论的核心。古人为了获得一个“藏风聚气”的生态居所，在选址时注重地形地貌的丰富性和周边环境的生态性“穴者，山水相交，阴阳融凝，情之所钟处也”，背山面水、负阴抱阳的基址环境总是得到众多造园家的青睐。在丰富的地理自然资源基础上，通过掇山理水等造园技艺使得风水结构理想化，同时因地制宜结合人工景观的营造，从而形成一个山环水抱、屈曲有情的山水园林环境。

“凡宅居滋润光泽阳气者吉，干燥无润泽者凶”。在自然界中，水具有调节气候、净化环境等多重作用，人类更是自古以来便有“智者乐水，仁者乐山”的亲水情结。风水学认为，住宅周围若没有溪水环绕，就断绝了生机，水是生气所在，水系源远流长则象征着生气旺盛、财源滚滚，《葬书》中所言的“得水为上，藏风次之”的选址基准更是突出了择水在风水学中的重要意义。

那么，风水中所追求的吉地，其水系的形状、方向具有怎样的特征呢？

首先，从形状上而言，“源宜朝抱有情，不宜直射关闭，去口宜关闭紧密，最怕直去无收”。根据风水学的基本原则，水以屈曲为上，横向水流要有环抱之势，流去之水要盘桓欲流，汇聚之水要清净悠扬；若水有直冲斜撇、峻急激湍的形态，则代表不吉利。风水认为“曲则贵吉”，“弯曲发大福”，河流曲处就是龙气汇聚的地方，能使“生气”凝而不散，这与中国传统文化中追求含蓄隽永、屈曲通幽的性格一脉相承。其次，曲水还讲究曲的方向。一般来说，内弯处为吉，反弓处不吉反凶，这与现代河流地貌关于河曲的变化规律是一致的。由于河曲凹岸不断受到河水的冲击，使其不断淘蚀岸面，而凸岸一侧则水流缓慢，泥沙不断淤积成陆，无洪涝之灾，可将建筑规划于此处，发展成住宅基地，形成玉带缠腰的风水效果。典型的就如河流的内环屈曲处，这样的基址通常水流三面环绕，是风水中的大吉之势。按五行，金生水，因而环抱之水通常有“金城”、“水城”或者“湾抱水”、“腰带水”之称，如故宫中的金水河、颐和园万寿山之前的冠带驳岸等等。从水系走向上而言，风水学有“**天不足西北，地不满东南**”之说，西北地势高亢，将其视作“天门”，东南方低下，则视为“地户”，因而水流多从西北而来，并流至东南，如魏晋时期的华林园、南北朝的西苑、盛唐的大明宫、宋代的艮岳、元朝的元大都等。

◎ 北京故宫金水河

著名皇家园林圆明园的理水走向等方面就充分渗透了风水观。作为圆明园两大水源之一的玉泉山水系，从圆明园西南方的藻园流入园内，顺着西高东低的地势，流遍园内的大小水面。水系的一部分流入圆明园宫墙外的护墙河，另一部分则北流至“月地云居”南面。北流的水系中，有一支东流入“万方安和”湖面，形成圆明园的后湖景区，继续北流的水则注入安佑宫附近的河湖中。藻园至安佑宫附近的地形南高北低，至“濂溪乐处”“柳浪闻莺”一带，形成圆明园的又一湖景。继而随着地形变为西北高而东南低，水流一律改为由西向东的流向，经过十弯八曲，从西北方向归于福海，最后从福海再分出若干细流向南，流出东南方。整个园子的水流走向正好与古人所言的“天门”“地户”风水地理观相一致。圆明三园通过水系串联成为一个整体，其来龙去脉，条理井然。三园中的水体曲致多变，使得该园因水而活，尽显自然雅趣。

“水口”是风水学中关于理水理论所经常涉及的概念。“水口”的本意是聚落水流入口和出口处，“水口者，一方众水所总出处也”。在风水学的理想模式中，“水口”作为村落的门户和灵魂，在村落整体空间结构格局中占有非常重要的地位。“山水之气以水而运”，水不仅关系到气，更是财源和吉利的象征，水口关系到整个村庄和宗族的财运，所以其地理形势尤为重要。风水学中要求，“水口忌空阔直泻，泄漏堂气，喜紧狭回顾，玉辇捍门”，“水出处不可散漫无关锁”，因而水口位置多选于山脉转折、两山夹峙之处，并且，往往通过亭塔、山石、大树等景观实物对水口进行隐藏处理，从而形成层次丰富并兼具防御功能的景观格局。近处，沿着蜿蜒溪水的是左右峙立的水口山，水口山位于村镇入口，往往作为屏障将村落与外界隔离，起到障景和防卫的作用。在树木、建筑的重重遮掩下，仅留下一个狭小的入口，容一条小路及溪水弯曲而过，使人一踏入村落中便有豁然开朗、别有洞天的感受。远处，白墙青瓦的朴实民居被重重群山所环抱，构成了重峦叠嶂的立体空间轮廓，丰富了村落的背景空间层次，创造出深远的风景意境。此外，按照风水中的水流走向理论，水来之处为天门，若不见源流谓之天门开；水去之处为地户，若不见去处谓之地户闭。由于水象征着财富，天门开，象征财源不断，地户闭，象征财用不竭，因而入水口和出水口若均设置为暗道，能增加水

◎ 徽州水口园林唐模

口的锁钥之势，有助于财富的积聚。圆明园的水口方位布置就遵循了该原则。全园共有入水口九个，都设在西北乾方，即天门方位，而三个出水口则设在东南巽方，即地户方位，从而保证了吉气聚而不散。

风水学中对于水口的景观处理直接促成了徽州等地区“水口园林”的产生和发展。在“以天地为庐”思想的支配下，一些聚落民众利用现有的地形资源，结合由水系构成的村居形态，营建一种以水口地带自然风景为依托的园林景观，以作为村人聚集游憩之地，称为“水口园林”。徽州水口园林比比皆是，如歙县的檀干园、黟县的西递、宏村等。此类园林融山水、田野、村舍于一体，具有自成天然之趣，不烦人事之工的朴实特征。水口园林中，常以河流、溪水、湖泊和池塘等作为前景，以形成开阔平远的隔水观景视野。水口地带广植林木，形成大片的水口林，藏风聚气，保持水土，形成鸟语花香、林木荫翳的生动景象。此外，常常需要在山上建风水塔，水上建风水桥，水中建水墩等建筑物，用以扼住关口，聚水聚财，或是在水口地带兴建文昌阁、奎星楼等建筑，辅之以亭、台、堤、桥，以兴文运。这些景观建筑一方面能够弥补自然山水环境对于满足理想风水模式所存在的缺陷，增加水口的封闭性和隐蔽性特征；另一方面则具有点景、观景的功用，参与到整体园林景观序列的组织中去，丰富了水口地带的空间景观构成。清康乾年间的徽州人方西畴曾在《新安竹枝词》中对徽州水口园林做过

◎ 徽州唐模村水口沙堤亭

生动的描述："故家乔木识楩楠，水口浓郁写蔚蓝，更著红亭供眺听，行人错认百花潭。"可见，徽州水口园林充分体现了风水理论对于中国传统造园手法的深远影响，是两者有机结合的产物。

◎ 苏州拙政园扇面亭前曲岸

在中国园林中，"屈曲有情"不仅体现在理水上，还体现在园路布置、小品营建等各个方面。从风水学的角度来说，"曲生吉，直生煞"。园路是整个园林的经络和气脉，它与曲水有着相同的聚气作用。吉气能沿着曲折蜿蜒的路径行进与蓄积，煞气则沿着直线穿流，因而"路要环，水要缠"，园路应随地形和景物曲折起伏，以形成曲径通幽、步移景异的观景情趣。另一方面，"曲折有致"是古典风水的理想追求，园林元素也都应以曲折造型为主，如曲桥、曲岸、曲廊以及房屋翘角等，这种曲折形式使中国古典园林极富自然气息，使人身居闹市，又有山林野趣。

风水学有"山主人丁水主财"之说，为了追求吉气相随的理想环境，在无山的基址区域建造假山以补风水，不失为一种有效、可行的方法。然而，假山的堆叠也颇有讲究。首先，假山的方位与宅园的吉凶祸福息息相关。一般而言，庭院的西、北等方位为假山布置的吉位，在此处设假山意味着人丁兴旺，家庭团结，子孙多福；东、南方则为不利方位，设假山会给事业、人际等方面带来障碍和挫折。在财位上布置风水轮、风水球等催财用品，结合小型水景，则有"财源滚滚"的象征之意。其次，从形状上而言，假山形状要圆润可亲，不可怪石嶙峋、尖角乱冲。所谓"和气生财",风水上认为尖角是一种凶煞,讲究"圆""柔""顺",因而,庭院的内墙角和外墙角往往通过置石堆叠等手段进行抱角(置石于外墙角)和镶隅(置石于内墙角)处理,结合山石适当点缀一些植物作为配景,这在风水上能起到祛凶化煞的作用,在景观上则能弱化墙角生硬的线条感,营造出"寸石生情"的生动意境。再次,掇山要讲究总体格局的和谐美观。风水学认为"龙无砂随则孤,穴无砂护则寒",主从分明的峦头形势是理想风水格局的典型特征。假山是真山的缩影,在整体格局营建上也讲究主峰耸立,客峰趋承。著名中国古代造园专著《园冶》的"掇山"篇幅中对于假山主从格局的处理有过专门论述:"假如一块中竖而为主石,两条傍插而呼劈峰,独立端严,次相辅弼,势如排列,状若趋承",竖立于中间的石块为主石,应显示出独立庄严的姿态,插在主峰两侧的劈峰则应塑造出衬托、辅助主山的趋承之势。此处关于主石、劈峰的布局关系无疑是借鉴了风水中主山与其左右砂山的主从关系处理法,"如宾主揖逊,尊卑定序也",从而达到主从分明、和谐统一的审美高度。

风水视自然为有机的生命,注重人与自然的有机联系及交互感应,追求"钟天地之灵气,感日月之精光"的理想景观环境,其外化表现就是重峦叠嶂、林壑优美、山环水抱、左侍右卫的"山川吉秀"之地。水随山转,山因水活,高低起伏的山脉轮廓,曲折环绕的水流走向,使得园林宛如一幅山水画卷,画面生动、流畅且活泼。

第三节 宇宙全息，法天象地
——象征手法

宇宙万物皆存在相互感应现象。地月引力能引起潮水涨落，关节炎患者每临阴雨天气便提前出现疼痛反应，海洋中的水母能预报风暴，冬蛇出洞、猪牛跳圈等多种动物异常行为则是发生地震的先兆。自然界任何事物间都存在场，物与物、人与人、人与物的各种感应现象和连锁反应是"宇宙全息"现象的集中反应。宇宙是一个全息感应的网络体系，这个庞大网络上的任一组成部分都能感应到来自其他部分乃至宇宙整体的所有信息，从而使得一切处于有序同步的状态。

古代风水学建立在中国传统哲学的气论之上，认为"气"是世界的本源，当天象、地形、方位、气象、时间、人伦等多个变量达到互相协调的状态时，就出现了充满"生气"的场所境域。理想的风水吉地格局要求"左青龙，右白虎，前朱雀，后玄武"四灵皆备，分别对应风水中的东、西、南、北四个方位，而青龙、白虎、朱雀、玄武四神兽实质上就是天上的四个星宿。因而，风水说从一开始就建立在法天象地的基础之上，风水理论实质上就是通过对宇宙天地之气的引导和顺应，使人体之气与之和谐共依，从而改善居所环境，并保证人类的身心健康及后世昌盛。用《周易》里的理论来说，也就是"天人合一"思想贯穿了整个风水学的方方面面，并且，这种思想通过象征、隐喻的手法在中国园林中得到了充分的体现。

中国皇家园林往往以大气、庄严的风格著称，从园林布局、景观组织，直至建筑装饰、朝向、宫门等细部要素，都有一种“移天缩地在君怀”的宇宙图形感。其中一个非常重要的例子便是秦始皇的大咸阳规划。根据《三辅黄图》记载：“二十七年，作信宫渭南，已而更名信宫为极庙，象天极。自极庙道通郦山。作甘泉前殿。筑甬道，自咸阳属之。始皇穷极奢侈，筑咸阳宫。因北陵营殿，端门四达，以则紫宫、象帝居。渭水贯都，以象天汉。横桥南渡，以法牵牛。”根据这段话我们不难看出，大咸阳规划中，各个宫殿通过模仿“紫宫”“天汉”“牵牛”等天体星象的相互位置关系，来将宇宙图式复现于人间宫苑。渭水南北是大咸阳规划的主要区域，咸阳宫、信宫、阿房宫等庞大宫苑集群沿着南北轴线陆续展开。其中，由于渭水南低北高的地势走向，位于渭水北面的咸阳宫处于地势高亢处，起着统摄全局的主导作用，因而将其模仿星座“紫宫”以象征天帝泰乙的居住星座，将人间帝王的朝宫与天帝居所相联系，凸显了皇权的至高无上，与其他宫苑形成鲜明的主从地位关系。信宫位于渭南，与渭北的咸阳宫构成南北呼应的格局，象征“天极”，即北极。阿房宫则是秦始皇晚年继续向渭南扩张所兴建的大型宫殿，是皇帝日常起居、朝会、庆典的场所，也是上林苑的中心区域。阿房宫范围往南延伸到终南山，通过“复道”与北面的咸阳宫、东面的骊山宫相贯通，新建的复道又结合原先的甬道系统，形成以阿房宫为中心的放射状交通网络，从“天极”星座经“阁道”星座，继而经过“天河”而抵达“营室”星座，皆为天象的模拟再现，气魄之大，无与伦比。这种按照天上星座的布列来安排地上皇家公园布局的景观处理手法，正是宇宙全息思想在中国园林中的具体体现。

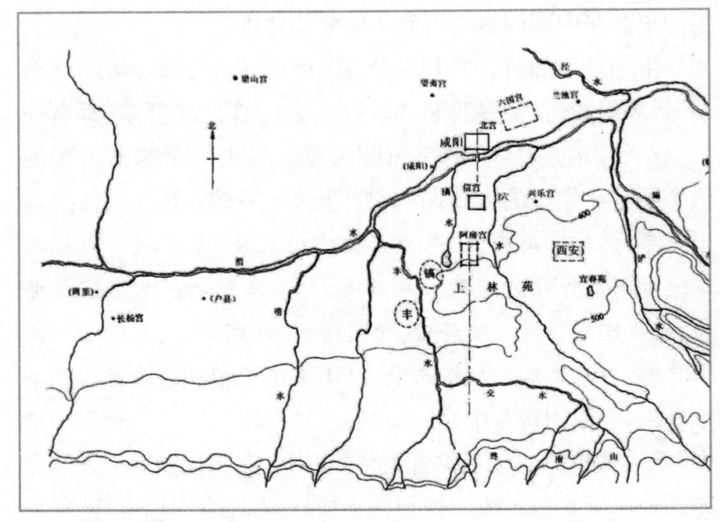

◎ 秦咸阳主要宫苑分布图

除了通过总体布局来模拟天象以外，结合具体的建筑结构、形态等来表达抽象的宇宙概念和自然规律，也是象征手法的另一种表现途径。北京天坛建于公元十五世纪上半叶，是保存完好的坛庙建筑群，明清两朝皇帝在此举行祭天仪式。天坛内的建筑成功地把古人对天的认识和天人关系表现得淋漓尽致，同时还体现出帝王将相在这一关系中所起的独特作用，是华夏文明的重要积淀。首先，天坛的坛墙蕴含着“天圆地方”的思想观念。“天圆地方”是阴阳学说的一种体现。古人将天地未分、混沌初起的状态称为太极，太极生两仪，两仪代表阴阳，分别象征天与地。天是由众多星体组成的茫茫宇宙，日月等天体都在周而复始、永无休止地运动，好似一个闭合的圆周，无始无终；地是人畜立足并赖以生存的田地，仿如一个方形物体，静止稳定，因而产生了“天圆地方”的说法。天坛有两重坛墙，形成内外坛，形似“回”字，坛墙的北侧转角皆为圆弧形,南侧转角皆为直角。古时将北称为上位,象征以天子自居的帝王之位,而南为地位,象征世间苍生之位,坛墙的"北圆南方"实则象征着"天圆地方"。位于天坛中的圜丘为三层同心圆石坛,用艾叶青石平铺出整齐的状似天穹的放射线,周围有两重高、低环绕的围墙,内墙为圆形,外墙为方形,且四面正中均辟门,如此布局的目的也在于强调"天圆地方"和"四方天宇"的意境。此外,天坛祈年殿是体现天人相通的典型建筑,其结构布局无不反映出中国古代宇宙观。祈年殿位于天坛北部,矗立在三层汉白玉圆形台基上,是皇帝祈祷五谷丰登的场所。金色圆形殿顶代表乾,地为方形代表坤。殿堂的三重蓝色琉璃瓦檐逐层收缩向上,象征与天相接。殿顶周长三十丈,象征一个月三十天;柱子环转排列,中间四根粗大的龙井柱为通天柱,支撑上层屋檐,象征一年四季;中层立十二根金柱支撑第二层屋檐,象征一年十二个月;外围十二根檐柱支撑第三层屋檐,象

◎ 北京天坛圜丘

◎ 北京天坛祈年殿

征十二个时辰；中外层相加二十四根，代表一年中的二十四个节气；再加上藻井下的四根金柱，代表二十八星宿；加柱顶八根童柱，代表三十六天罡；宝顶下雷公柱，代表皇帝一统天下。此外，丹陛桥整个桥体由南向北逐渐升高，象征着此道与天宫相接，皇帝由南至北步步升天，也烘托出皇权的至尊地位。北京天坛处处法天象地，具有浓重的象征寓意，是风水文化的重要载体。

北京中山公园内的五色土也是反映宇宙全息思想的景观模型。五色土实质上是明清时代的社稷坛，是皇帝祭祀土神和谷神，祈求风调雨顺、五谷丰登的地方，也是皇权、国土与谷物收成的象征。社稷坛是用艾叶青石铺成的三层正方形平台，上方平台将天下五色之土集中于一个石台上，由红、白、黑、青、黄五种颜色铺就而成，社稷坛四周的琉璃矮墙颜色也与这五种颜色一致，所以产生了五色土的说法。据说这五色土是由全国各地纳贡而来的，颜色的分布与中国地理土壤分布是一致的，分别对应南、西、北、东、中五大区域。南方广东、广西等地多产含矿物质的红色土，西边是似牛奶的白色土，北方产腐殖质高的黑土，东方如山东、苏北等地的土是像水泥的青色土，中央河南、河北等地则以黄色土为多见。清朝诗咏“物备九洲贡，土分五色方”说的就是这五色土。封建帝王取五色土集于一处，不仅暗示着“一方水土养一方人”的哲学寓意，象征着“普天之下，莫非王土”的皇权思想，更是宇宙全息模型的集中体现。又如圆明园中，将

◎ 北京中山公园五色土

“正大光明”景区、“勤政亲贤”景区和“九州清宴”景区布局于全园的核心区域，作为帝王处理朝政的地方，符合风水学中“正殿居中央”的说法，意指大清国在四海之内、天下之中，具有国泰民安、永世长传的象征寓意。园内后湖环有九座小岛，如众星捧月般拱卫着中心水面，象征华夏九州团结统一，从而诠释了“禹贡九州，天下一统”的宇宙理念。

综合运用风水宇宙全息的象征手法进行园林规划和建筑布局的园林，莫过于著名皇家园林——故宫。它上应日月星辰，下合八卦方位，形成法天象地的风水景观。明初燕王朱棣定都北京，为去除前朝残余帝气，将宫殿中轴东移，并凿掉御道盘龙石，建人工景山，形成景山—紫禁城—大台山“燕墩”的景观序列，与风水中的主山—宫穴—朝案山的理想格局相对应。紫禁城不仅名字来源于宇宙星宿，其前朝后寝的布局也按照星宿方位进行。按照中国古代的划分，天空中央分为太微、紫微、天帝三垣。紫微垣位于中央，是天帝的居处。作为人间天子的皇帝也应与之相对应，居住在“紫微宫”内，紫禁城之名由此而来。在中轴线上布置有皇宫内最重要的前朝三大殿，分别为华盖殿、奉天殿、谨身殿，象征天阙三垣。其中，奉天殿后更名为太和殿，是紫禁城中最大的宫殿，位于中轴线中央，是天子用来举行各种典礼的场所。三大殿下设三层台阶，象征太微垣下的三台星。除了前朝以外，后寝部分也是模仿紫薇垣进行布局的。中央是乾清、坤宁、交泰三宫，左右是东西六宫，共十五宫，合于紫微垣十五星之数。乾清门至丹阶之间，两侧六根盘龙柱，象征天上河神星至紫微宫之间的阁道六星。此外，城门的布置也涵盖天地之道。内城南墙属乾阳，设城门三个，取象于天；北门属坤阴，设城门两个，取象于地；皇城中央序列则设城门五个，取象于人。天、地、人三才齐备，皇城宛如宇宙缩影，形同八卦巨阵。

◎ 北京故宫

英国学者李约瑟在考察我国园林和建筑后说道："城乡无论集中的或者散布于田庄中的住宅也都经常出现一种对'宇宙的图案'的感觉，以及作为方向、节令、风向和星宿的象征主义。"在风水理论的渗透下，中国园林处处涵盖着法天象地的造景手法，成为宇宙模式的再现，是自然宇宙微型化和艺术化的产物。

第四节 聚气补缺，镇邪化煞
——风水小品

风水不仅在大的山水格局上要做到藏风得水，屈曲有情，在园门朝向、面阔开间、建筑彩画等具体景观细节上也要求镇煞化煞，并通过各种风水小品、园名景题和造景手法来聚气补缺，使得气脉得以藏匿和保留。

在古代，人们往往将一些不能控制的灾祸和无法解释的

现象归于鬼神的作祟。古人认为鬼神存在于另一个时空领域之中，看不见、摸不着，来去无影踪，常人只能敬而远之，并定时以瓜果祭之。一旦触犯禁忌，灾祸临头，人们只有求助于道术，请道士作法，贴符念咒，并在特定位置摆放辟邪器物，以求消灾解厄，趋吉避凶，于是就产生了挡煞、化煞的说法，指的就是将邪气抵挡于外或采取具体方式进行化解。这些道法道术逐渐被风水术士们掌握和运用，对民宅布局和园林建筑产生了重要的影响。

在风水辟邪器物中，人们最熟悉的莫过于"泰山石敢当"。山东很多地区的屋宇房前、桥头要冲、村落路边都放置着一块石碑，石碑上刻有"泰山石敢当"五个醒目大字，当地村民相信这个石块能在风水上起到镇邪化煞的作用。关于"石敢当"的起源，存在许多不同版本的民间传说。相传在黄帝时代，东方九黎族首领蚩尤联合南方苗民企图推翻黄帝。蚩尤有八十一个铜头铁额的兄弟，头角所向，玉石难存，凶猛无比，黄帝不敌屡遭败绩。一日蚩尤登泰山而小天下，自称"天下谁敢当"。女娲于是就投炼石以制其暴，上刻"泰山石敢当"，终于导致蚩尤溃败。黄帝乃遍立泰山石敢当，蚩尤军队各个胆战心惊，望石而逃，终于兵溃涿鹿。另外一个说法则认为"石敢当"是人名，他是山东泰山人氏，胆大勇猛，善捉妖邪，由于四方乡邻都纷纷上门请他前去捉拿妖邪，石敢当应接不暇，于是就想出一个办法，把自己的名字刻在石头上，并树立于妖邪经常出现的当冲处，从而达到辟邪的目的。虽然关于石敢当的起源说法不一，但石敢当作为具有辟邪性质的风水小品，在全国各地的村镇中都有广泛的应用，甚至在日本和东南亚地区也都存在，只不过石块上镌刻的字有些许不同而已。石敢当逢凶化吉的功能附会实质上是同灵石崇拜、泰山崇拜、鬼魂观念、山神信仰等中国信仰体系所紧密联系的。在流传于各地的过程中,石敢当与相应的地域历史文化相结合,进一步丰富了其自身的造型特点,进而涌现了大量以石敢当为创作题材的石刻石像作品和山石盆景艺术,丰富了景观领域的造石工艺。

石敢当是风水中最典型的厌胜辟邪物,它对于民宅的影响是显而易见的。然而,对于园林建筑影响最为深远的风水辟邪物当数照壁。照壁又称为影壁,常常被用于建筑群入口的内外,起到屏障、围合的作用。旧时的人们存在"闹鬼"一说。开门不慎便会有恶鬼闯入,难以胜防。但是人们发现鬼的行走具有一个特点,就是只会直来直往,不会转弯。于是人们便想到在大门内外竖立一道墙,这样一来,恶鬼进院只能碰到墙,而无法进入院内,因此照壁在民间又有"鬼碰头"的叫法。关于照壁的最初应用,可以追溯到西周时期,在今天发掘的陕西周原遗址中可以发现,西周时期的合院门前就已经存在照壁,由此可见,照壁至少已经有三千多年的历史了。从风水"聚气"角度上而言,门是住宅的嘴,具有纳气功能,所以门的朝向和位置非常重要,"重重宅户,三门莫相对",为了讲究幽曲,防止漏气,多扇门不可同时开在一条直线上,并要在入口处设置一堵墙。但为了保持气畅,这堵墙不得封闭,因而产生了照壁这种建筑形式。在入口处设照壁,与风水理想布局中的朝山、案山具有类似的功能,能使"气流绕影壁而行,聚气则不散",从而形成重重维护的藏匿效果。另外,根据《龙经》记载,气直来直去损人丁,当道路直冲住宅而来的时候,就可以在门前竖一照壁,这时的照壁就能起到与石敢当类似的遮挡煞气的作用,从而使得宅院人丁兴旺,聚气敛财。

照壁通常由基座、壁身和斗拱檐等部分组成,主体为叠砌考究、雕饰精美的墙面,墙上往往结合文字、符号、动物和人形雕刻等具有各种文化含蕴的图案纹饰,发挥其作为镇邪物的功能效用。照壁图案纹饰的运用大有讲究,在不同的园林类型中所表达的主题各有侧重。古代帝王宫苑修建照壁,多以九龙图案镌刻其上,突出皇权至上;寺观园林为显宏阔,也常在门前修照壁,正书佛号,背刻福字;民间照壁的图案则多取材于神话传说、战争历史、孝义典故、戏剧人物、祥狮瑞兽等,并雕刻相应楹联文字,以突显庄重氛围。

◎ 北京北海公园九龙壁

北京北海公园的九龙壁就是皇家园林照壁的典型代表。北海九龙壁建于清乾隆二十一年(1756 年),虽历经二百多年的风雨剥蚀,但依旧光彩照人。照壁长 25. 86 米,高 6. 65 米,厚 1. 42 米,底座为青白玉石塔基,上有绿琉璃须弥座,装饰效果突出,由四百二十四块黄、紫、白、蓝、红、绿、青七色琉璃砖砌筑而成。照壁两面各有九条蟠龙,腾云乘风,戏珠于汹涌的波涛之中,体姿矫健,神态生动。龙是中国神话传说中一种善变化、兴云雨、利万物的神异动物,是帝王、权力、富贵的象征。同时,风水说中,九为阳数之极,是皇权的代表。整个照壁的设计与装饰无不象征着皇权至上和天子至尊的思想。

私家园林、普通民宅入口所立照壁上雕刻的图案则以祈福、祈寿、驱邪为主要目的。原始先民们萌生的自然崇拜和图腾崇拜观念,导致“松鹤延年”“喜鹊登梅”“麒麟送子”等吉祥图案经常出现于照壁之上,表达了人们对吉祥喜庆和美好生

◎ 祁县乔家大院百寿图照壁

活的追求。寿、福相承,“五福以寿为重”,在道家思想影响下所形成的现世观,使人们对于长寿怀有始终不渝的渴望和追求,因而照壁图案也大量反映了祈寿文化。山西乔家大院的百寿图照壁正对大门而立,可谓中国传统书法艺术集大成者。中间是1.9米见方的砖面,上有精工雕刻的百寿图,由清代名臣祁隽藻所题。百寿图上的一百个寿字,各具形态,无一雷同,照壁顶上刻有万字纹,与百寿图结合,象征着万寿无疆。此外,因“蝠”“福”同音,民间常用蝙蝠纹来作为祈福装饰图案。山西王家大院中仿木构型的砖雕大照壁,下有基座,中有壁身,上有斗拱檐。壁身正中刻有“五蝠”大圆盘,背面、侧面及屋顶等略做雕刻,烘托出五福捧寿、福寿双全的象征寓意。

◎ 松江方塔园砖雕照壁

衙署园林是古代园林的重要组成部分,大门朝南开,门外设照壁是衙署的显著特点。照壁立于衙署之前,有整治官吏、警诫官员的独特意义。衙署照壁正中往往绘有“�”。“獬”是天界的神兽，生性贪婪，画面上的“㺀”四周遍布金银珠宝，却仍仰头向上，四蹄踩踏文书案牍，张口要吃太阳，因为过分贪婪，最终落海而死。明朝开国皇帝朱元璋意识到惩治腐败对于国家稳定的重要性，于是规定各级衙署照壁上必绘“㺀”吃太阳的图案，借此警示官吏要戒除杂念，清正为官，切莫贪赃枉法，自取灭亡。从此，衙署照壁图绘一直沿用至清末。另外，还有一些衙署照壁上刻有“獬豸”，该神兽怒目圆睁，能辨善恶忠奸，是公平正义的象征，被作为衙署官府驱邪避害的吉祥瑞物。

寺观园林出入口多为意匠汇聚之处，常常利用地形等外部空间环境因素将入口部分扩大展开，以照壁为起点，并以照壁为终点，巧妙地形成一系列空间景观序列，并根据香道的距离长短、寺庙建筑群的规模等灵活处理照壁形式和装饰彩画，起到引导视线的作用。

园林中的照壁作为一种独特的构景元素，在挡煞庇护的同时，也起到了障景的艺术作用。园林视线的布置原则，主要讲究欲扬先抑以及“隐”“显”的并用和平衡。利用照壁合理分隔空间，是中国传统宅园常用的入口处理手法，可避免园内景观一览无遗，并能吸引游人，增加游玩兴致，这与中国传统文化所讲究的犹抱琵琶半遮面的含蓄之美是相契合的。照壁是集建筑、雕刻、书法、绘画等多种传统艺术形式为一体的物质载体，是中国园林文化独树一帜的珍贵创造。如今，照壁在现代园林中仍被广泛应用，其造型也打破了传统单墙的形式，装饰也更加多元化和丰富化，丽江猜字壁、八仙壁等都是著名的现代园林照壁。

另一类厌胜辟邪物则是祥狮瑞兽。细心的游园者不难发现，在中国传统园林中，狮子、鹿、马、龙、麒麟、咬钱蟾蜍、貔貅、狻猊等动物石像屡见不鲜，风水学认为这些祥狮瑞兽能给人们带来吉祥安宁。其中,最典型的当数石狮的运用。狮子为兽中之王,可镇百兽,象征权力与威严,并能驱逐由门前入侵的邪煞之气。在古代宫殿、寺观、衙署、王府门前及陵墓前的神道上都立有石狮。园林中,石狮多置于建筑的大门口,一般为蹲立姿势,左右各一只,一雌一雄,形成拟对称的视觉效果,不仅具有强调等级、镇恶辟邪的文化意义,而且也能起到装点建筑的作用。此外,各种神兽的嘴巴和身体朝向也颇有讲究。狮子、麒麟、咬钱蟾蜍的头部通常朝向门口,表示将各方财气、福禄吸引进来;鹿、马的奔走方向及头部则必须朝向屋内,代表吉神入宅。此外,建筑山墙、脊饰、彩画等细部装饰也经常以这些神兽为创作题材。

中国古典园林传承下来的这些丰富多彩的风水小品,既具有辟邪纳福、聚气补缺的作用,满足了人们趋吉避凶的心理,又能作为令人玩味的艺术品,大大增加了中国园林的趣味性和可游性。

第五节 草木郁茂,吉气相随
——种植原则

江苏千年古镇吴江有一名园,曰“退思园”,因其建筑、假山贴水而筑,被陈从周先生称为“贴水园”。该园林宅与园东西分界,在园的西南角有处厅,为“天香秋满”,俗称“桂花厅”。厅前院落植以桂花,每逢金秋时节,丹桂吐蕊,芬芳馥郁,令人心旷神怡。桂花厅前铺地以"寿"字为中心,周边镶嵌五只蝙蝠,中间填以铜钱图案,整体构图寓"福禄寿"之意。"金风玉露亭"在桂花厅以北,与之隔一垛花墙而形成空间上的呼应。"金风"即秋风,"玉露"即白露,意指桂花飘香的时节,与"天香秋满"一同点题——桂馥飘香的景致。亭东南侧门楣题"留人"二字,寓意无人可以拒绝桂花那号称"世上无花敢斗香"的四溢芬芳。在中国园林中以桂花造景并不稀奇,但退思园这一景点手法细腻,处处暗含了风水文化。且不论铺地的象征手法,桂花的时节、方位无不利用了风水理论,试图营造吉祥生气。那植物与风水在中国园林中到底有何关联?

◎ 吴江退思园桂花厅院落

《林泉高致》中有这么一段论述:"山以水为血脉,以草木为毛发,以烟云为神彩。"绘画与园林相通,掇山理水,植草栽树,奥旷相宜,形成一股回环园内的生气。其实,风水中亦强调山为骨,水为血脉,草木为毛发。正如《宅经》中所言的"宅以形势为身体,以泉水为血脉,以土地为皮肉,以草木为毛发",山环水抱、草木葱郁方是上好的风水宝地。若画论强调山水格局构成了审美的生气,那么风水则强调了山水格局营造了气场——所谓藏风聚气,风水旨在通过阴阳和合而形成气场,而这气场就决定了园林场地的吉凶祸福。气场是风水的核心,而植物又是平衡气场、化生阴阳的重要手段,因而,植物及其生长状况是风水理论用以衡量园林的重要指标。

众所周知,看风水的人常常被称为"阴阳先生",这是因为风水以阴阳五行理论作为基础。古人发现世界有日月晨昏之变，将“暗”用“阴”代表，“明”用“阳”代表，而后发展出了一分为二地看待事物的思维，并以阴阳界定。《易经》中说“**一阴一阳谓之道**”，阴阳理论是道的核心，它们的对立依存、变幻往复是世界得以存在和发展的内核。阴与阳也非绝对，可以转换，也可以阴中含阳、阳中有阴。风水理论将有形视为阴，无形视为阳。在园林里，山为阴，水为阳。有句话说“**太极生两仪，两仪生四象，四象生八卦**”，太极就是气，两仪就是阴阳，四象就是将阴阳再细分成为太阳、少阳、太阴、少阴，之后再推演为乾、兑、离、震、巽、坎、艮、坤八卦。植物有喜阳、喜阴之分，有雌、雄之别，因而古人将植物也用阴阳理论加以区分。属阳的植物有白兰、晃伞枫、杜英、朱槿、南洋杉等；属阴的植物有棕竹、苏铁、绿萝、鱼尾葵等；而有些植物属阴中阳，如兰花；有些属阳中阴，如含笑。

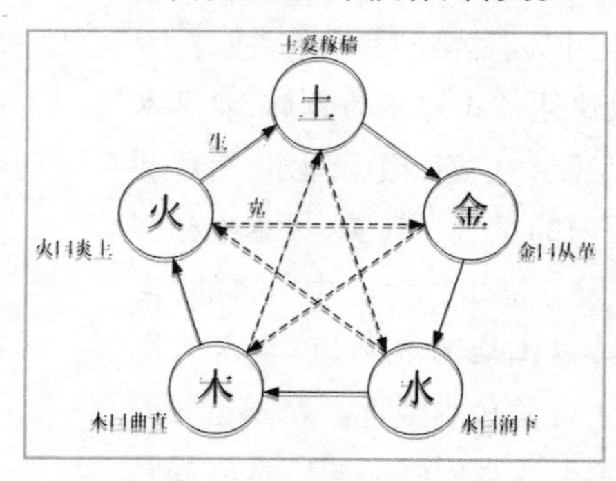

◎ 五行生克图

风水的另一个理论基础就是五行，常与阴阳合称为“阴阳五行”。五行是一种朴素的唯物主义哲学观，它将世界的物质构成划分为金、木、水、火、土五类。《尚书》曰：“**水曰润下，火曰炎上，木曰曲直，金曰从革，土爰稼墙。**”这说明了五行之间的相互关系。简而言之，金克木、木克土、土克水、水克火、火克金；金生水、水生木、木生火、火生土、土生金。五行理论进而衍生出五元素与季节、方位、色彩的对应关系：从季节上而言，春为木、夏为火、秋为金、冬为水；从方位上而言，东为木、南为火、西为金、北为水、中央为土；从色彩上而言，青为木、红为火、黄为土、白为金、黑为水……。植物也有五行之分，多以形和色区别。金有银杏、荷花、玉兰、乐昌含笑、吊兰、白兰等；木有雪松、香樟、黄杨、松、龙眼等；水有重阳木、女贞、睡莲、罗汉松、荷花等；火有龙血树、樱花、木棉、紫藤、桃、刺桐等；土有含笑、黄馨、洒金榕、佛肚竹、董棕等。五行进一步细分则生成阴木、阳木、阴火、阳火等，对应于植物，马尾松为阳木，水杉为阳水，石菖蒲为阴水，等等。

古典园林中植物营造所遵循的风水原理，其实就是通过阴阳五行的相生相克而起到趋吉避凶的作用。根据上述植物与阴阳五行的关系，参照古典园林植物的一般搭配与栽植原则，便可发现植物的色彩、方位、树形等都是与阴阳五行相匹配的。

◎ 苏州拙政园玉兰堂

风水中认为植物有吉凶之别，植物的吉凶性格往往是根据谐音、形状、传说等来进行界定的。风水中有八大镇邪化煞植物，分别为桃、柳、艾、银杏、柏、茱萸、无患子、葫芦；有十三种增吉植物，分别为棕榈、橘树、竹、椿、槐树、桂花、灵芝、梅、榕、枣、石榴、葡萄、海棠。园中种植松柏寓意长寿，种植牡丹寓意富贵，玉兰、海棠搭配则寓意“金玉满堂”，在门前种植桂花则取谐音“门前当桂”，寓意门庭富贵。不利于种植的植物则包括桉树、苦楝等，如园中栽植苦楝寓有食苦果的不吉意味。

在画论的影响下，园林植物的配置强调对应、对比关系，尤其表现在植物的体量和数量上。风水理论则主张气场的贯通，阴阳相生，因而对植物的数量大小和疏密关系也颇为讲究。风水学主张合理密植，如大树不可过密，应保留林窗，不然导致空间过阴。相对于建筑而言，植物往往处在次要位置，故而不可盖过建筑，否则在风水理论中则认为生了煞气。此外，园林中的植物配置往往遵循“阳数与阳位、阴数与阴位搭配”的原则。

植物色彩是影响风水的另一个重要方面。风水著作中关于植物色彩的论述包括“右树红花、妖媚倾家”、“右树白花、子孙零落”等，这多指宅旁的植物种植。根据古典园林植物种植经验，一般情况下，色彩的五行属性与植物的五行属性搭配即可。如看松读画轩的西侧种植松柏，松为白皮松，干皮白，属金，与五行方位相对应。此外，皇家园林、私家园林和寺观园林对于色彩的处理不尽相同。皇家园林彰显皇权威仪，因而以牡丹、海棠等象征富丽堂皇的植物为主，呈现皇家气派；寺观园林彰显庄重肃穆，因而色彩较为凝重，多以冷色、深色植物为主；而私家园林的植物色彩相对自由，主要以审美为主。

此外，风水学中认为植物种植方位也与吉凶祸福密切相关。在风水著作中常可见“东植桃杨，南植梅枣，西栽栀榆，北栽吉李”“门前垂柳、非是吉祥”“宅后有榆、百鬼不近”“住宅四角有森桑，祸起之时不可挡”“门庭前喜种双枣，四畔有竹木青翠进财”等俗语。风水理论认为在园林中植物的五行属性与种植方位应该匹配。如藕园的东花园，西墙边植有梧桐树，因为梧桐树五行属金，阴阳属阴，因而靠西墙，表示得阴位、金位。同样在藕园东花园，竹子靠东墙种植，桂花种在最西边，这是因为竹子五行属木，种植于东，桂花五行属金，种植于西。

在植物搭配格局方面，理想的风水格局为“**左青龙、右白虎、前朱雀、后玄武**”，所谓青龙高耸，白虎俯伏，对应于园林植物配置格局，则是左侧树比右侧高大，前侧一般栽种低矮灌木或者地被，后侧则种植大型乔木，形成后有倚靠、前景开阔的整体格局。在宅居附近或水口处也可群植松、柏、樟等常绿树，从而起到化煞防护之用，这种大面积的风水植物被称为风水林，对于村镇、园林等景观骨架的形成具有非常重要的作用。

虽然风水理论对中国古典园林植物配置的影响相对于审美意识而言略显次要，然而，风水中的阴阳五行理论和植物吉凶关系确实对园林植物的树种选择、种植方位、配置原则等产生了一定的影响，并成为庭院、宅旁绿地植物选择和配置的指导标准。

第四章

园林山水文化

古老的华夏文明发源于山水之间，古典园林的早期雏形——囿、台、园圃等也大多坐落在山清水秀之处。秦汉时期的大型宫苑——上林苑更是有灞、浐、泾、渭、沣、滈、涝、潏八水出入其中，北望九嵕山，南接终南山，是最具影响力的古典园林之一。历代帝王将相、文人骚客，甚至市井小民，莫不追求于山水荟萃之处卜居寄情，或为避免跋涉之苦于宅中摹山范水，实现对自然生活的向往，由此形成了古典园林的两大类型：天然山水园和人工山水园。可以说，园林是为了补偿人与自然山水之间的日渐隔离所创设的第二自然，谋求“一峰则太华千寻，一勺则江湖万里”，使人于方寸之间登山临水、游目骋怀。

孔子曰：“智者乐水，仁者乐山。”人化自然的哲理促成了中国人对自然山水的尊重，进而形成了中国特有的山水文化。清代张潮云：“有地上之山水,有画上之山水,有梦中之山水,有胸中之山水。地上者妙在丘壑深邃，画上者妙在笔墨淋漓，梦中者妙在景象变幻，胸中者妙在位置自如。”山水，在中国文人的思想意识和价值观中占有极重要的位置，意蕴深厚，具有独特的象征意义和符号意义。中国古典园林的清雅格调主要得益于文人造园家的不断参与，深受文人价值观的影响，积极地向山水借取智慧和品性，以求在精神上与自然相近，正如明袁宏道所说：“意未尝一刻不在宾客山水”。

第一节 虽云记山水，终是活丹青
——园林的山水图画美

宗炳是南朝著名画家，喜好山水之游，亦喜好图绘山水，他与同时代的王微开创的山水画论奠定了中国山水画的美学基础，他认为山水画是自然山水的代替品，不论绘画还是观真山水，都是于“应目会心、应会感神”之中达到畅神、载道的目的。《宋书·隐逸列传》中记载他老来疾病缠身，就将所历山水绘图挂于室内，卧以游之，成为“卧游”鼻祖。宋代的郭熙同样论道：“山水有可行者，有可望者，有可游者，有可居者。”这里的可行、可望、可游、可居同时也是园林艺术的基本理念。

正如宗炳所言，绘画和真实景色的审美方式都是相似的，以山水地形为骨架的中国古典园林，其构图原理基本来源于中国山水画论。最早如南齐谢赫在《古画品录》中提出的绘画六法——气韵生动、骨法用笔、应物象形、随类赋彩、经营位置、传移模写就对后来的园林艺术创作产生了极大影响。“气韵生动”在六法中最为重要，是指表现出对象生动的精神气度，董其昌曾说：“气韵不可学，此生而知之。”历览顾恺之、董源、李成等人的山水画卷，或气象萧疏，或烟林清旷，给人印象最深刻的莫过于每位画家自成一派的笔法画风与天成气韵。园林如画，也在情景交融的优美意境中蕴含了它独特的气韵。造园家运用寓情于景、借景抒情的手法为游人创造出生动的游览体验，当客观的自然境域与主观的思想情感相互统一时，就产生了那种不可说、不可学的气韵。东晋简文帝游览华林园时感慨："会心处不必在远，翳然林水，便有濠濮间想也。"可以说他已经领略到了园林那种"蓦然回首，那人却在灯火阑珊处"的意境之美。

山水画美，除了美在意境，还美在其写意的构图手法。不同于西方绘画的写实，中国传统画家往往是"搜尽奇峰打草稿"，游历归来后于案牍之间对山水风景进行再创作，呈现在画面上的山水风景已经是经过画家主观筛选、凝练处理后的艺术形象，以极简约的笔墨传神再现气象万千的自然景色。同样，古典园林也具有"本于自然，高于自然"的艺术特征，概括、升华自然山水是创作园林的不二法则，只不过从绘画的二维空间转向了较复杂的三维空间。例如文人园林所具有的简远、疏朗布局特征，就与绘画构图的"留白"有异曲同工之妙，"凡经营下笔，必留天地……涂抹满幅，看之填塞人目，已觉意阻……"。

纵观中国造园史，历代文人、画家参与造园蔚然成风，或延聘名师，或亲自设计，甚至有些直接袭用某种流派的画风，使园林亦如画派有南、北之分，呈现丰富多彩的山水景色。山水画与古典园林之间长期相互浸润、相互借鉴，形成了"以园入画、因画成景"的传统，辋川别业和拙政园即是个中翘楚。

辋川别业是唐代著名诗人、画家王维的山居别墅。王维字摩诘，少年即享才名，一路青云得意，安史之乱前官至给事中。安史之乱时王维未能坚持抵抗，成为一生的政治污点。后来他虽官至尚书右丞，但仍时常对官场感到担心和厌倦，于是随俗浮沉，长期过着半官半隐的生活。王维诗画造诣均很高，苏轼曾赞道："味摩诘之诗，诗中有画，观摩诘之画，画中有诗。”

辋川别业位于陕西蓝田县南约二十里处，此地山岭环抱，谿谷辐辏有若车轮，故名“辋川”。辋川别业原为初唐诗人宋之问的一处庄园，已荒废多年，王维略加整治建成辋川二十景：孟城坳、华子岗、文杏馆、斤竹岭、鹿柴、木兰柴、茱萸沜、宫槐陌、临湖亭、南垞、欹湖、柳浪、栾家濑、金屑泉、白石滩、北垞、竹里馆、辛夷坞、漆园、椒园。鉴于王维自身的审美情趣，辋川别业总体以保持自然风景取胜，偏重于各种树木花卉大片丛植成景，别业内建筑物形象朴素，位置恰当，如竹里馆深藏竹林，文杏馆盘踞山腰，均能充分体现其画论观点。正如他在《山水诀》所论述的：“远山不得连近山，远水不得连近水。山腰掩抱，寺舍可安；断岸坂堤，小桥可置。有路处则林木，岸绝处则古渡，水断处则烟树，水阔处则征帆，林密处则居舍。”

据说王维住进别业后心怀大畅，与好友裴迪唱和吟咏四十首集结为《辋川集》，还以辋川别业为蓝本绘制了一幅长达4.8米的画卷《辋川图》。唐代张彦远在《历代名画记》中誉之“江乡风物，靡不毕备，精妙罕见”。北宋秦观在《书辋川图后》中则给予了更高的评价，他说在病中展阅此图，恍惚中觉得自己仿佛与王维相携同游，精神为之一振，病竟然慢慢痊愈了。山水诗画是古代文人抒发隐逸思想的艺术形式，而园林则是实现隐逸思想的物质依托。王维当时对官场患得患失的心境，使他徘徊于仕、隐之间，也成就了流传千古的辋川别业与《辋川图》。

苏州的拙政园则是另一例以画论造园的佳作。拙政园是苏州著名的私家园林。正德四年（公元1509年），王献臣因遭东厂构陷，卸任还乡，购得苏州娄门内原大弘寺遗址兴建拙政园，园名取自潘岳《闲居赋》中“此亦拙者之为政也”。王献臣邀请过从甚密的文徵明参与规划，文徵明还作《王氏拙政园记》，该文石刻置于倒影楼下，更亲手书写主体建筑远香堂、梧竹幽居等处的对联，书法与园林景色交相辉映，美不胜收。此外，文徵明还绘制了《拙政园图》三十一景，分别题咏，成传世之作。相传宁王朱宸濠在江西南昌建书院，以重金礼聘文徵明却被他断然拒绝，可当王献臣邀请他来建园时却欣然应允，他认为园林修建得好相当于一次好的作画，当然也是因他同情王献臣受人排挤才弃官还乡，有些感怀自身遭遇之故。

文徵明原名壁，字徵明，是明代中期最著名的画家、书法家。在诗文上，与祝允明、唐寅、徐真卿并称“吴中四才子”；在画史上是吴门画派创始人之一，与沈周、唐寅、仇英合称“吴门四家”。文徵明的绘画造诣很全面，能水墨，亦能青绿；能工笔，亦能写意；山水、人物、花卉、兰竹无一不精。他的画风粗细兼备，粗笔源自沈周、吴镇、赵孟頫，苍劲淋漓，中带干笔皴擦；细笔取法赵孟頫、王蒙，稍带生涩，于精熟中见稚拙。

据《王氏拙政园记》中记载，刚开始修建时，文徵明就发现原址地质松软，湿气较重，并不适合承载太多建筑。同时，文徵明作为画坛的名家耋宿深谙构图留白之理，因此，由他规划的明代拙政园以水为主、以树为辅，建筑总共不过一楼、一堂、六亭、二轩而已，整体布局疏朗自然。园中水面浑然一体，四周少有遮挡，广阔宁静，深得画论中水之“旷远”精髓。此外，文徵明很推崇唐代画家阎立本，曾表示“墨法次之，故多用青绿”，所以在设计拙政园时也保留了喜好设色的习惯。拙政园中种植的果树品种较多，园景整体上以林木之绿为底，粉墙黛瓦为屏，果树鲜艳的花卉果实点缀其间，营造出如青绿山水画般明丽的色调。

如今的拙政园西部和中部大多是太平天国忠王李秀成占

据时期所建，东部为1959年在归园田居旧址上新建，建筑密度明显增大，已不复明代文人山水画的清雅风格。

在中国山水画史上，还有一本享誉园林界多年的画谱，即明末文学家李渔的《芥子园画谱》。《芥子园画谱》系统地介绍了中国画的基本技法，浅显明了，易于初学者习用，几百年来广泛流传，其中许多画法的构图理论一直被用来指导古典园林的规划设计。

李渔字谪凡，号笠翁，他精通戏剧、小说、绘画、词曲，同时也是一位杰出的造园艺术家。他的代表作笔记体散文《闲情偶寄》（又名《一家言》）共有八卷，其中第四卷《居室部》专述建筑和造园理论，分为房舍、窗栏、墙壁、联匾、山石五节。李渔曾长时间游历于吴越，其时江南园林艺术蓬勃发展，名家辈出，如张南垣、计成、文震亨等，李渔对他们的园林作品和理论颇为熟知，为日后的园林创作奠定了坚实基础。据记载，他为自己建造过兰溪的伊园、金陵的芥子园、杭州的层园，只不过如今均已烟消云散，倒是他客居北京时为兵部尚书贾汉复所建的半亩园更负盛名一些。

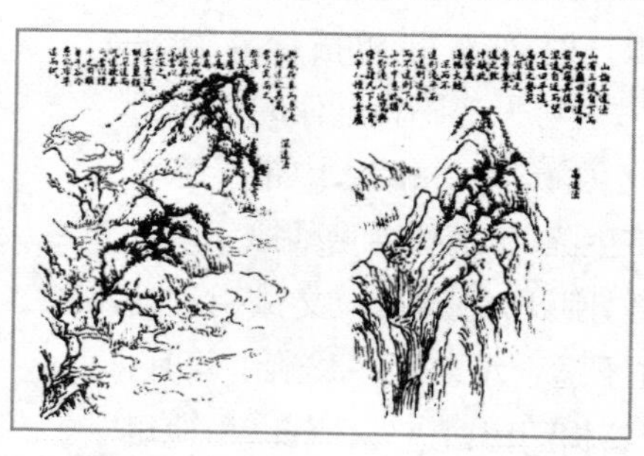

◎ 山论三远法

◎ 宾主朝揖法

李渔在杭州吴山养病期间，与其婿沈心友叹道："绘图一事，相传久矣，奈何人物、翎毛、花卉诸品，皆有写生佳谱，至山水一途，独泯泯无传。岂画山水之法洵可意会，不可形传耶？抑画家自秘其传，不欲公世耶？”沈心友就拿出李流芳的课徒稿四十三幅，李渔看了甚为惊奇，但是随后他认为李流芳的课徒稿“随意点染、未有伦次，难以启示后学”。于是沈心友又笑着拿出更大的一套画稿，是请嘉兴王概整理增编的另外九十幅，李渔再三翻阅，叹为观止。后来由李渔出资，加附临摹古人各式山水画四十幅，篇首编《青在堂画学浅说》，于康熙十八年（公元1680年）套版精刻成书，是为《芥子园画谱》第一集。接着王概又受沈心友之托，与他的兄弟王蓍、王臬共同编绘了“兰竹梅菊”与“花卉翎毛”谱，是为第二、三集。

《芥子园画谱》第一集山水谱共四卷，记载了王维、李思训、荆浩、关仝等人的山水画图，也为园林艺术发展提供了宝贵的财富。人观“梧桐庭院”图如入庐山草堂，品“溪山烟雨”图如游避暑山庄，看“芭蕉叠石”图就如见苏州耦园对联：“卧石听涛，满衫松色；开门看雨，一片蕉声”，始信宗炳卧游果然妙不可言。画谱中的山论三远法、宾主朝揖法、垂石隐泉法、山口分泉法等逐渐成为园林中处理地形骨架、山水轮廓的金科玉律，而画石间坡法、云林石法、二米石法等也被奉为叠石圭臬。

第二节 主人无俗态，筑圃见文心
——园林的山水诗文美

山水诗起源于魏晋，谢灵运为第一人，他的诗秉承道法自然的精神，充满清新淡雅的韵味。谢灵运好游山水，曾为登山之便自创一种上山去其前齿、下山则去后齿的“谢公屐”。他的作品惯于描绘自己所到之处的优美景色，开创了中国诗歌中的山水诗流派。谢灵运年近四十时回乡隐居，在今上虞附近扩建改造了祖宅始宁庄园，创作骈赋名篇《山居赋》，描写了始宁庄园的建造情况。自此，山水诗文就与古典园林结下了不解之缘。

到了唐代，文人士大夫的“中隐”思想促成了文人园林的兴起，这种具有中庸色彩的论调普遍为世人所接受，隐逸生活不必再如魏晋时期一样要遁迹山林，也不必再归园田居，只要有“方宅十余亩，草屋八九间”即可寄情诗酒、忘尘脱俗。因此，文人雅士竞相兴造私园，把人生感悟倾注于园林，甚至亲自参与园林的规划设计，白居易曾感慨自身道：“歌酒优游聊卒岁，园林萧洒可终身。”园林是文人寄托理想、感怀人生的重要方式，造园家的诗画造诣与园林意趣密不可分，许多杰出的文人同时也是优秀的造园家，创造出不少简远雅致的园林佳作，其中以白居易和他的庐山草堂最具代表性。

白居易，字乐天，是唐代伟大的现实主义诗人，他的诗歌题材广泛，形式多样，以讽喻诗最为有名，语言通俗易懂，被称为“老妪能解”。他是新乐府运动的倡导者，主张“**文章合为时而著，歌诗合为事而作。**”代表诗作有《长恨歌》《卖炭翁》《琵琶行》等。元和时白居易曾任翰林学士、左赞善大夫，因得罪权贵，贬为江州司马，晚年官至太子少傅，谥号“文”，世称白少傅、白文公。

元和十一年（公元816年）秋，白居易贬官江州期间，庐山秀丽的湖光山色给了他极大的抚慰，于是选在香炉峰北、遗爱寺南决胜之处营建庐山草堂。草堂主体建筑极为朴素，仅“**三间二柱，二室四墉**”，木不加丹，墙不饰白，其他构筑物亦极精炼，只有平台、方池，与草堂呈一线布置。因司马之职非常清闲，草堂落成后，白居易动辄长居草堂，“**以泉石竹树养心，借诗酒琴书怡性**”。草堂虽简朴，但因相地合宜，周围景色冠绝庐山，背靠悬崖峭壁，面临流泉深涧，旁有三尺飞瀑，远眺雾绕云山。在这样的自然美景浸润之下，白居易迎来了他创作生涯的一个高峰，累计写下了三百余篇诗文，包括《琵琶行》《与元九书》《题浔阳楼》《大林寺桃花》《庐山草堂记》等名作，在中国文学史上留下

◎ 江西庐山草堂

◎ 江西庐山景色

了璀璨绚丽的一页。《庐山草堂记》不仅是文学作品，也是一篇造园理论专著，记述了庐山草堂的选址、建筑、环境、景观以及作者自身的感受，是研究中国古典园林的重要史料。

白居易非常热爱园林，他曾在洛阳履道坊西北隅建造宅园，并屡屡为之赋诗作文，如《池上篇》《闲居自题》《履道坊新居二十韵》《洛下卜居》《池上竹下作》等，对它的喜爱可见一斑。此外他还修建了长安新昌坊宅园、渭水别墅园，并主持对西湖进行了水利和风景综合治理，写下了大量的山水诗文。他还是第一个真正的文人造园家，第一次肯定了置石的美学意义，他的园林观平易近人、朴素恬适，与诗文风格如出一辙，主张顺乎自然之势、合乎自然之理，对两宋文人园林简远、疏朗、雅致、天然特色的形成具有重要启蒙意义。

两宋时诗文在园林中的地位更加深化：除了作为楹联匾额直接构成园林景色，诗文内容和行文技法也逐渐被运用到园林空间的组景方式中去。北宋大政治家、文学家司马光，就曾在自己的独乐园中以诗情入景，因园景赋诗。司马光，字君实，七岁砸缸救友的故事广为世人所熟知，他历仕仁宗、英宗、神宗、哲宗四朝，死后追封温国公，谥文正。宋神宗熙宁年间，司马光强烈反对王安石变法，上疏请求外任，自此居洛阳十五年，不问政事。在这段悠游的岁月里，司马光为自己建造了别墅独乐园，并在园中主持编纂了规模空前的编年体史书《资治通鉴》。别墅得名是因为司马光认为孟子的“独乐乐，不如众乐乐”乃王公权贵之乐，不易办到；颜回的“一箪食，一瓢饮，不改其乐”是圣贤之乐，也非凡人所及；只好安于其分、造园自适，故名“独乐”。

独乐园规模不大，风格朴素，与司马光的为人很相近，《宋史》记载，因为不喜欢奢靡的服饰，他中举后参加闻喜宴不带花，别人劝他这是皇帝所赐不能抗旨，他才极不情愿地带了一枝。而今独乐园早已湮灭，根据司马光自撰的《独乐园记》和明代仇英的《独乐园图》可知概貌：全园占地约二十亩，园中心为“读书堂”，据说曾藏书五千余卷，读书堂北面是大水池，池中有岛，堂南面隔“弄水轩”有虎爪泉，池西为一带土山，山顶有“见山台”，台上可远眺洛阳城外群山。最有趣的是司马光所作《独乐园七题》正对应园中七景，每一首又对应一位古人，《读书堂》是董仲舒，《钓鱼庵》是严子陵，《采药圃》是韩伯林，《见山台》是陶渊明，《弄水轩》是杜牧之，《种竹斋》是王子猷，《浇花亭》是白居易，各景点都与题咏内容、格调相符，使观者更能产生联想，深化园林所表现的意境。

至于行文技法一项，也与造园互通，写文章有“起、承、转、合”，园林也讲究空间序列的节奏与韵律。清代文人钱泳在《覆园丛话》中道：“造园如作诗文，必使曲折有法，前后呼应，最忌堆砌，最忌错杂，方称佳构。”例如“欲扬先抑”是古诗文常见的一种写作技巧，指不从正面平铺直叙，先从反面着手，宕开一笔，而后才透露自己的真实意图，从而制造波澜，前后形成鲜明对比，达到突出某个人物或某种思想的目的。这种手法容易使读者在阅读过程中产生恍然大悟的感觉，留下比较深刻的印象。有“吴中第一名园”之誉的苏州留园，在进入中部的山水主景区之前就采用了“欲扬先抑”的空间处理手法。从园门至古木交柯之间的一段是曲折迂回、明暗相间的长廊，游人在较幽闭的长廊内迂回穿行，经过古木交柯一直到绿荫，视野才豁然开朗，与长廊空间形成强烈对比，凸显了山水主景的艺术效果。

“小中见大”则是指在写作中对形象进行强调、取舍、浓缩，以独到的想象抓住一点或一个局部加以集中描写或延伸放大，以更充分地表达主题思想。这种艺术处理给作者带来了很大的灵活性和无限的表现力，同时为接受者提供了广阔的想象空间，获得生动的情趣。"小中见大"早已广泛运用于造景实践，明代文人沈复第一次将这种理念在园林中的应用呈于纸面。

沈复，字三白，清代文学家，工诗画、散文，著有自传体散文《浮生六记》，"浮生"取"浮生若梦，为欢几何"之意。《浮生六记》原有六记，现存四记：《闺房记乐》《闲情记趣》《坎坷记愁》《浪游记快》，书中主要描写了沈复与其妻陈芸的家庭生活。卷二《闲情记趣》中详细记述了二人进行叠石、造园的实践过程。沈复认为"若夫园亭楼阁，套室回廊，叠石成山，栽花取势，又在大中见小，小中见大，虚中有实，实中有虚，或藏或露，或浅或深。不仅在周回曲折四字，又不在地广石多徒烦工费。"他曾在园林营造中亲自实践"小中见大"的手法，比如于狭窄庭院中建造凸凹不平的墙体，在墙上缠满藤萝，然后再取大石块，凿成悬崖之形嵌入墙体，这样一推开窗子看过去就仿佛身处峻峭的石壁之下，意境深远。而他对"大中见小"的处理则是"散漫处植易长之竹，编易茂之梅以屏之"，使人不觉得空旷乏味。沈复与陈芸情趣非凡，《浮生六记》中还记载了很多其他叠石、造景新法，皆为沈复夫妻自创，二人虽生活困顿、三餐难继，但却极富生活热情，为后人留下了宝贵的精神财富。

第三节 峰峦钟神秀，景石拳千寻
——掇山叠石文化

中国古典园林的两大类型——天然山水园与人工山水园，皆以山水地形为骨架，筑山和理水是园林营造的两项基本内容。天然山水园一般建在郊外风景优美地带，利用得天独厚的真山真水，因势利导改造而成，例如著名的清代离宫御苑颐和园与承德避暑山庄。但更多的园林无法占地利之便，只能在平地上挖池堆山，人为创设山水地貌，正如李渔所说：“幽斋磊石，原非得已，不能致身岩下，与木石居，故以一卷代山、一勺代水，所谓无聊之极思也”。

山，在传统文化中作为神仙居所、隐士乐土的象征，对文人具有重要意义。假山是中国古典园林艺术一大特色，其历史源远流长，堆叠技艺更是高超精湛，大致可分三种：土山、石山和土石山。土山取材、施工较易，但缺乏写意的表现能力，多见于隋唐以前，例如西汉上林苑建章宫中的一池三山、北魏皇家御苑铜雀园中的铜雀台。石山则全部用天然石块堆筑而成，石块之间用泥灰填充胶接，辅以铁件加固，更具艺术性，但工程难度大，是园林中小型空间常用的方式。土石山是土与石的结合，可以在保证大型假山艺术风格的同时降低施工难度和成本，例如北宋徽宗皇帝就曾命令户部侍郎孟揆于汴京上清宝箓宫东侧，建造了高九十余步的土石山——万岁山（即艮岳），整体气势连贯、雄奇峻峭，是筑山艺术的精品。

◎ 南京瞻园北峰

◎ 南京瞻园西山

南京的瞻园在八亩之内囊括了堆土、叠石、土包石、石包土等多种筑山手法，是南京现存历史最久、艺术价值最高的古典园林。瞻园位于夫子庙西瞻园路上，现为太平天国博物馆的西园。明初朱元璋特赐中山王徐达建成，太平天国定都南京后曾为东王杨秀清王府的一部分，清代乾隆皇帝南巡时题"瞻园"二字。瞻园呈南北向长条状，全园以主体建筑静妙堂分为南北两个山水景区，园东部有一条几乎纵贯南北的曲廊串联起所有主要建筑。瞻园有南、北、西三座峰，假山将近占了全园面积的一半。北山为主峰，以太湖石堆叠而成，体积虽大却中空，山中有盘石、伏虎等洞穴。北山与水池西北角相接的深谷石壁上架有石梁，石壁下有两层较大的石矶，高低错落，中有悬洞，形态自然，与石壁形成强烈的对比，更显石壁挺拔高耸，在古典园林中十分罕见。西山是北峰配山，几乎全用土堆成，山中广种常绿乔木，环境十分清幽，山上有岁寒亭和扇面亭。南假山是刘敦桢先生于五六十年代重修的，它以石包土、土包石的方法交替进行，叠成绝壁、危崖、洞壑、山谷、石径等地貌形态，山洞里还悬有钟乳石，山中遍植藤萝，加上瀑布、水洞，犹如一幅生机勃勃的山水画卷。

假山具体的堆叠技法产生于画论，北宋画家郭熙的《山水训》《林泉高致》《画意》《画诀》《画题》等著作均有涉及。《林泉高致》中郭熙提出了山有三远："自山下而仰山巅，谓之高远；自山前而窥山后，谓之深远；自近山而望远山，谓之平远。"这个理念概括了山峰各种位置的透视关系，是园林假山造景的基本依据。明代造园家计成所著的中国第一部造园理论专著《园冶》第三卷中有专门的"掇山""选石"篇，将假山分为园山、厅山、楼山、阁山、书房山、池山、内室山、峭壁山等，每种均有不同堆叠要点，并论及太湖石、昆山石、宜兴石等十六种石料，认为只要堆叠时"小仿云林，大宗子久"都能成为好作品。此外，明朝张南垣毕生从事造园，还创造出截取山石一角而使人感觉处于大山之麓的做法。

若论园林假山堆叠技艺之精，必先推扬州。明末清初扬州盐商聚集，他们附庸风雅，积极扶持文化事业，吸引了大批文人、艺术家定居于此，如著名的"扬州八怪"等。在这种情况下扬州的私家园林盛极一时，故人称"扬州以名园胜，名园以叠石胜"。个园是其中历史最悠久，保存最完整，最具艺术价值的一例。个园位于扬州古城北隅盐阜路，清嘉庆二十三年（公元1818年）由两淮盐业商总黄应泰在明代废园寿芝园的基础上扩建而成，游人可于著名的"四季假山"欣赏到"春山淡冶而如笑，夏山苍翠而如滴，秋山明净而如妆，冬山惨淡而如睡"的诗情画意。

"春山"位于个园入口处，园门两侧有平台，上植数竿翠竹，竹间有嶙嶙石笋势如雨后破土，光线把稀疏竹影映射在旁边墙上，形成许多"个"字形的花纹图案。这幅别开生面的竹石图，运用惜墨如金的手法，点破“春山”主题，同时还巧妙地传达了传统文化中的“惜春”理念，提醒游园的人们，春景虽好却短暂易逝，需要用心品赏、加倍珍惜。

向西绕过桂花厅是中心水池，池岸西侧为灰白色湖石大假山，是为“夏山”。夏山叠石多而不乱，远观舒卷流畅，近视玲珑剔透。假山正面向阳，皴皱繁密，呈灰白色的太湖石表层在日光照射下阴影变化极为丰富，有如夏天的行云。山上古柏葱郁，山下有池塘深入山腹，碧绿的池水将整座山体衬映得格外灵秀，池塘西侧有一曲桥直达夏山的洞穴，静谧幽深，即使炎热的夏天步入洞中也顿觉凉爽。

从夏山山顶经游廊可至抱山楼二层，抱山楼东侧为黄石堆叠的“秋山”，高约七米，主峰居中，侧峰拱列成朝揖之势，山顶建四方小亭，是秋日登高的理想之地。秋山通体有峰、岭、峦、悬岩、洞、岫、涧、峪等形象，构图完全按照画理的章法，据说是仿石涛画黄山的技法。山正面朝西，黄石色泽微黄，纹理刚健，每当夕阳西下，一抹霞光映照在山体上，呈现醒目的金秋色彩。

秋山之南为透风漏月厅，是冬天围炉赏雪的地方。厅南为半封闭小庭院，沿南墙背阴处堆叠宣石假山，是为“冬山”。堆叠所用宣石质地莹润，石上的白色晶粒仿佛积雪未消。南墙上还有二十四个风音洞，巷风袭来，时而发出呼啸之声。造园者不光利用“雪色”来表现冬天，还巧妙地将“风声”融合到表现手法中去，令人拍案叫绝。正当人们面对端庄、静穆的冬景，感叹一年终了之时，蓦然回首，却发现西墙花窗中露出了春景一角，似乎在向人们暗示春天又将来临。

个园中秋山采用黄石堆叠，夏山则是湖石，一园之内而堆叠之法迥异，在江南园林中独一无二。陈从周先生在《说园》

中讲到："黄石山起脚易、收顶难；湖石山起脚难、收顶易。"因黄石型多端方，湖石体多洞窍，故此堆叠时需扬长避短，"黄石山要浑厚中见空灵，湖石山要空灵中寓浑厚。"个园实属"因石制宜"的佳例。

◎ 扬州个园夏山

扬州的片石山房亦颇具价值，据传是石涛叠石的人间孤本。石涛原名朱若极，号大涤子、苦瓜和尚，晚年客居江淮，生性爱石，以石为友，故自号石涛。他是明末清初的杰出画家，开创了扬州画派，为扬州八怪的先驱。石涛在叠石前，会对石材进行周密的选择，运用"峰与皴合，皴自峰生"的原则将石块按纹理横直分别组合成真山形状，因此虽高峰深洞，却全无斧凿痕迹，整体紧凑，布局得当。

◎ 扬州个园秋山

片石山房位于扬州城南花园巷，紧邻寄啸山庄东侧，原址尚存的只有一座假山。假山采用下屋上峰的处理手法，西边主峰堆叠在两间方形石室之上，此石室即所谓"山房"，因整个山体均为小石头叠砌而成，故称"片石山房"。主峰峻峭苍劲，有东西两条蹬道通向石室，西道要跨越溪流，东道需穿过山洞。配峰逶迤向东，符合山水画"主次分明"和"左急右缓，切莫两翼"的布局原则，两峰之间岗阜相连，似断非断，显示出非凡的章法和气度。

此外，片石山房中山水结合的处理也恰到好处，山体环抱水池，水池南面水榭与假山主峰相对，可从中观山涧、瀑布。水榭隔为三间，西为书屋，东为棋台，中间琴室设有涌泉，琴声悠悠、泉水潺潺，正合“高山流水”之境。

北方的假山多“自吴人垒”，受江南匠师的影响很大，如清初的李渔和张涟、张然父子都属江南人氏，尤其张涟和张然父子专事假山，“名动公卿间”。其后人一直在北京以掇山为业，人称“山子张”，并祖传有“安、连、接、斗、挎、拼、悬、剑、卡、垂”十字诀。比较著名的有萃锦园，即恭王府后花园。恭王府是清朝恭忠亲王奕䜣的府邸，前身为乾隆年间大贪官和珅的住宅。恭王府是北京规模最大、保存最完整的清代王府，位于北京内城风景优美的什刹海西北角，明清时期周围聚居了不少达官显贵。萃锦园紧靠王府住宅之后，曾做过辅仁大学校舍的一部分。

与江南私家园林相比，萃锦园布局较为严整，统率全园的南北中轴线与住宅的中轴线重合，景点划分为中、东、西三路。中路以三进院落为主体，入园门既有“翠云岭”“垂青樾”两座青石假山挟势而来，侧翼衔接土山向北奔趋，绵延起伏，整座山体对全园呈东、西、南三面环抱之势。进入第二进院落后，可见北侧的大假山“滴翠岩”，假山用北太湖石堆叠，山体内有“秘云”洞，山顶建敞厅“绿天小隐”，前为“邀月台”。这座湖石假山堆叠取法江南，但山下只有一小方清池，水面规整局促，不过园主已觉得很满意，赞道：“每风幽山静，暮雨初来，则藓迹云根，空翠欲滴，吟啸徘徊，觉世俗尘气为之一息。”

第四节 聚散得江湖，虚实纳万象
——理水文化

在我国古代，园林常被叫作“园池”“林泉”，可见水在园林中的重要地位。水具有干净纯洁的本质，能营造出清新澄澈的美感。同时，水能滋养万物，具有“虚怀若谷”的人文内涵，《老子》中有云：“上善若水，水善利万物而不争。”造园家将水的意蕴融于园林景色，常能获得“高山流水”的深远意境。因此，水成了永恒的造园主题，许多著名的古典园林不仅因水设景、以水题景，还将水体放在了全园布局的构图中心，例如苏州的网师园、退思园。

韩拙《山水纯全集》中道：“有近岸广水，旷阔遥山者，谓之阔远；有烟雾溟漠，野水隔而仿佛不见者，谓之迷远；景物至绝，而微茫缥缈者，谓之幽远。”中国古典园林中的理水技法也取法自画论，像“水论三远”“山嵌水抱”“疏水之去由，察源之来历”等理论均来源于历代丹青圣手的山水画构图。水是构成园林的基本要素之一，与山体一起形成整个园林的地形骨架，经过恰当的处理还能够起到柔化山石、分隔空间、联系景点等作用，赋予园林生动优美的形态和气韵。

水常被比作山之血脉，郑绩在《梦幻居画学简明·论泉》中道：“石为山之骨，泉为山之血。无骨则柔不能立，无血则枯不得生”，它与山相辅相成，形成阴阳相生的辩证关系。园林中的水与山不是简单的相邻，而是相互融糅、穿插，才能形成复杂多变的水岸，造设丰富的园林景观。古典园林中水的处理一般分为动态和静态，动态的水有河、溪、涧、泉、瀑等，静态的水有湖、沼、池、塘、潭等。另外，从布局上也可分为集中和分散两种形式，集中的水面感觉开朗辽阔，分散的水面具有隐约迷离、不可穷尽之意。

中小型的私家园林往往遵从"小园宜聚"的理水原则，可以在一定程度上弥补基址空间的缺陷。因小园不能以体量取胜，故以表现天然水景情趣为重，并巧妙处理水的来龙去脉，形成"疏水若为无尽"的意境，以无锡寄畅园和苏州网师园做的最为巧妙。寄畅园位于无锡市西郊惠山横街，原址为惠山寺沤寓房等二僧舍，明正德年间兵部尚书秦今辟为别墅，名"凤谷行窝"。万历十九年(公元1591年)归湖广巡抚秦耀所有，改名"寄畅园"，取晋王羲之"取欢仁智乐，寄畅山水阴"之意。清康熙年间园主延请叠山名家张南垣之侄张钺重新堆筑假山，并整修庭院，引入惠泉，使寄畅园园景益盛。清康熙、乾隆南巡都曾驻跸于此，流连忘返，乾隆还在回京后下旨在清漪园(今颐和园)万寿山东麓仿寄畅园兴建惠山园，即今之谐趣园。

◎ 无锡寄畅园锦汇漪

寄畅园正好处在锡山和惠山之间的平坦阔地上，东北面经新开河通京杭大运河，园外借景条件极佳。全园占地约一公顷，假山占四分之一，水面约占六分之一，建筑布局疏朗，与清朝中末期建筑密集、流于技巧的园林风格迥然不同，保留了宋代文人园林的特色。寄畅园西部、南部均为土石大假山，依惠山东麓山势作余脉状，东部以水体“锦汇漪”为中心，郁盘、知鱼槛、鹤步滩、七星桥、涵碧亭等则绕水而构，与假山相映成趣。“天下第二泉”的泉水从西北角被引入园内，首先在假山中汇成八音涧。八音涧总长三十六米，整体用黄石砌成，涧中水路迂回、叠石参差，泉水跌落在堑道深壑中，回声清越，顿生“金、石、丝、竹、匏、土、革、木”八音，如空谷琴声分外悦耳。泉水经八音涧注入锦汇漪，水面澄澈宁静，园林内外的山影、塔影、桥影、亭影、榭影、树影、花影尽汇池中，如锦绣画卷绚丽无匹，故此得名“锦汇漪”。由于锦汇漪本身过于狭长，所以在处理时首先以中部两处凸岸——鹤步滩和知鱼槛相对夹峙收缩，形成南北两个水域。鹤步滩上的一株老树斜枝横出，恰与知鱼槛遥相呼应，构成极妙的对景。南部水域略显阔朗，岸线较平滑。北部水面被三座桥进行了进一步划分，往南一座小平桥隔出鹤步滩北凹入的小水湾，东北方首先入目的则是连通主体建筑嘉树堂和东门清响的七星桥，七星桥之后又有一座廊桥隐去水尾，重重叠叠似不能尽，令人回味无穷。整个锦汇漪

◎ 无锡寄畅园知鱼槛

◎ 苏州网师园月到风来亭

◎ 苏州网师园射鸭廊

水体设计收放自如、张弛有度，是不可多得的理水佳作。

网师园位于苏州旧城东南隅葑门内阔家头巷，最初为南宋吏部侍郎史正志所建“万卷堂”的一部分，初名“渔隐”，至清乾隆年间光禄寺少卿宋宗元退隐苏州，购得此地筑园，仍按渔隐之意改名“网师园”。网师园为苏州四大名园之一，1997 年被联合国教科文组织列入世界文化遗产名录。网师园占地仅十亩(包括住宅区)，布局呈众星拱月式，有一个山水主景区，周围环绕一些较小的次景区，形成明显的空间对比。中部山水主景区以彩霞池为中心，濯缨水阁、月到风来亭、竹外一枝轩、射鸭廊环水池四周而设。水边建筑大多小巧轻盈，主体建筑小山丛桂轩和看松读画轩则布置在水边较宽绰之地，还障以叠石假山，不使之显得笨拙庞大。彩霞池面积仅 0.6 亩，池岸略近方形，但西北和东南均引出一角，以石桥遮挡，暗含水口和水尾之意，据说东南角的引静桥是苏州园林中最小的桥。水岸以黄石堆叠，假山、石矶、花木、亭榭错杂其间，每一个方向的视野内都是一幅构图完整的画面。水池设计最精湛之处乃是对尺度的准确把握，水池宽度约为二十米，游人处于岸边可以在正常视角范围内收摄对岸全部景色，水中倒影摇曳多姿，整体构图十分和谐，湖光山色美不胜收。

明末清初扬州八大名园之一的影园，虽然占地只有五亩，但因地处护城河中，理水条件得天独厚，故并未局限于单一水体造景，而是将水面打散，各部分之间似通非通、似断非断，是一独具特色的水景园。影园位于扬州老城外西南角，护城河中的长岛南端。明万历年间，扬州盐商郑元勋为奉养母亲始建该园，据《扬州画舫录》记载，崇祯五年（公元 1632 年）郑元勋的好友、明代著名书画家董其昌造访扬州，郑元勋请董其昌为在建新园题名，董其昌以园中柳影、水影、山影相映成趣，挥毫题写“影园”匾额，郑元勋拍手叫绝。

影园由当时著名造园家计成主持设计和施工，历时十几年方竣工，造园艺术精湛，是扬州文人园林的代表作。影园之胜，在于它得天独厚的地理位置，东临城郭，西望蜀岗，前后夹水，“略成小筑，足征大观”。从一些史籍稽考来看，影园可能是计成晚年建的最后一个园林，所以造园技艺炉火纯青，对水的处理手法也更娴熟，非常符合计成自己“虽由人作、宛自天开”的理念，获得了极高的艺术评价。影园构图以水为中心，整座园林东、西、南三面均以护城河为界，护城河北通瘦西湖，南入古运河，“水清而多鱼，渔棹往来不绝”，夕阳西下，炊烟袅袅、渔舟唱晚，入目所见一派江河景色。影园主体由三个岛构成，岸线极尽迂回曲折，互相嵌抱，中间以板桥相通，围合出园内清幽静谧的内湖。主体建筑“玉勾草堂”就是得名于小岛的外形轮廓，犹如弯弯一玉钩。内湖水域又被湄荣亭桥划分为南北两部分，北侧水面较小，上临壁立千仞之假山，池水有如山脚深潭，又有溪涧逶迤向东，涧水淙淙，岸旁奇石嶙峋、古木翳然，涧边之斋取名“幽媚”。南部水面较为开阔，极富水乡野趣，玉勾草堂四面临水，只有西侧小桥可以出入，形成了“河中有岛、岛中有湖、湖中又有岛”的多重景观格局。

对于大型人工山水园，理水形式更为复杂，水面与陆地交错驳杂，虽可纳千顷之汪洋，亦能收四时之烂漫。一般会在“散”的基调中注重整体水系的开阖变化，利用池岸的屈曲划分出若干水面，从而形成了湖沼延绵、源远流长的景象，例如前文所提到的拙政园。北京海淀北部的清华园也是以“散”为神的大型水景园，据说最初为明万历朝皇亲国戚李伟所建，当时约有八十公顷，得名自晋谢叔源的《游西池》诗：“景昃鸣禽集，水木湛清华。”清朝于敏中等所纂《日下旧闻考》中记载，当时人说清华园“若以水论，江淮以北亦当第一也”。清朝康熙皇帝在它的废址上建畅春园，保留了部分山水地貌和古树名木，自畅春园落成之后，康熙每年约有一半的时间在园内避喧听政。咸丰年间又将畅春园东部改名为“清华园”，1910 年美国用庚子赔款在此建“清华学堂”，即今日清华大学。明代的清华园是一座以水面为主体的水景园，大致分为前湖、后湖两部分，中间的“挹海堂”建筑群为全园构图中心。对于水的处理，主要是在前后两个湖面周围构成水网，因水设景，河流、岛屿、湖沼交错连通，创设了丰富、有趣的舟游路线。明代清华园这种大小湖泊星罗棋布、通过溪涧河流相连形成复杂水网的理水格局对清初皇家园林具有一定的影响，之后在畅春园、圆明园、避暑山庄的设计建造中均有体现。

第五节 山因水而活，水随山而转
——空间格局

“空间格局”在中国画论中被称为“置阵布势”“经营位置”，是指画面的构图技巧，园林也用这个概念来表达总体布局和游线组织。中国古典园林虽然着重表现随性的天然之美，但组景布局中仍不乏清晰的序列和节奏，常通过道路的曲折变幻层层引导，使游人不知不觉中感受到空间的转换。

中国古典园林的整体布局讲究“意在笔先”，立意准确才能“构园得体”。封建社会的皇家园林为了显示皇权至上和追求长生不老，惯用“一池三山”的模式。私家园林则更崇尚“师法自然”，造园有法无式，能够创造出更丰富的园林景观。

郭熙在《林泉高致》中道：“山以水为血脉，以草木为毛发，以烟云为神彩，故山得水而活，得草木而华，得烟云而秀媚。水以山为面，以亭榭为眉目，以渔钓为精神，故水得山而媚，得亭榭而明快，得渔钓而旷落，此山水之御置也。”山水地貌是园林的骨架，能够决定整个园景的风格和气韵，其次才需“宜亭斯亭，宜榭斯榭”，基本思路无非“高方欲就亭台，低凹可开池沼”。山体构图时“主峰最宜高耸，客山需是奔趋”，切记“左急右缓，莫为两翼”；水体则遵从“小园宜聚，大园宜分”。两者之间山要回抱、水要萦绕，可以使湖中有岛、岛中有湖。整体节奏把握“疏处可以走马，密处不使透风”，最忌平铺直叙、一览无余。

园有大小，虽然“万顷之园难以紧凑，数亩之园难以宽绰”，但空间的大小感觉却不是绝对的。小园易显局促，贵在以少胜多，可以用山石、水体略加分隔、延伸视线，或将山脚、水口半藏半露求得“景隐则境界大”。大园则需避免大而无当，应设核心景点形成高潮，或以园中套园拉紧节奏，使人游无倦意。

环秀山庄是江南小型私家园林的代表作，占地面积仅有3.26亩，位于今苏州刺绣博物馆内，1997年底被联合国教科文组织列为世界文化遗产。环秀山庄规模之小，可谓纳须弥于芥子，然而山水亭榭，布局得当，并不使人生逼仄之感。园中山体起伏有致，水池嵌抱合宜，于方寸之间展现丰富的山水地貌形式，是名副其实的“咫尺山林”。

环秀山庄本是五代吴越钱氏金谷园旧址，此后屡易其主，园中景点大半毁损，如今的环秀山庄只有一山、一池、一座“补秋舫”为清代所遗。山庄呈前厅后园的布局模式，后园以山为主，以水为辅。园中假山、房屋面积占四分之三，是叠山大师戈裕良的作品，池水只占不到四分之一。主峰位于园东，雄奇险峻，侧峰伸向东北，连绵不绝。这座湖石大假山是全园精华，占地仅半亩，而峭壁、峰峦、洞壑、涧谷、飞梁、磴道等却应有尽有。戈裕良继承了清代著名山水画家石涛的笔意，所叠假山既有远山之姿，又有层次分明的山势肌理。水体则依山麓迂回曲折，并沿山洞、峡谷深入山体各个部分，正合计成所述“池上理山”之法。前厅北面的水面较为狭窄，蜿蜒向东深入台榭之下，向北则以一座折桥为过渡，水面逐渐放开，尚未完全舒张又被两侧石矶夹峙，进入一个曲折回环的水道，中心小岛上有亭翼然，池水绕过小岛又回到原地，整个水面浑然一体却又层次丰富。步入假山山洞，洞下还有一汪深潭，正处于蹬道交汇点，此景有“别开生面、独步江南”之誉。

我国现存最完整的皇家园林颐和园占地则逾二百九十公顷，虽然面积广阔，但旷奥咸宜，主从分明，既富有皇家园林的恢宏富丽之势，又充满江南水乡自然之趣，是集中国古典园林艺术之大成者。

清初北京西郊的瓮山和西湖位置关系并不太理想，瓮山位于西湖的东北角，仅一面相邻，呈山水分离的格局。颐和园的前身清漪园始建时，乾隆皇帝将瓮山赐名“万寿山”，西湖赐名“昆明湖”，以杭州西湖的山水格局为蓝本，向东北拓展昆明湖水域直至万寿山南麓。保留原西湖东边的龙王庙为“南湖岛”，利用元明时期的旧堤改造为“东堤”，并在昆明湖中纵贯南北修筑“西堤”，西堤以西堆叠起“治镜阁”“藻鉴堂”二岛，形成“一池三山”的皇家园林基本模式。然后再将玉泉山泉水经玉河引入昆明湖，在昆明湖西北角另开河道转向万寿山北麓，串起原来的零星小溪沟成为“后湖”。后湖兜转向东又回到昆明湖，自此奠定了清漪园山嵌水抱的基本格局。

◎ 北京颐和园万寿山与昆明湖

颐和园，是在清漪园格局的基础上、由清代宫廷建筑匠师样式雷的第七代传人雷廷昌主持修建的，总体上由宫廷区、前山前湖景区、后

◎ 北京颐和园后湖的苏州街

山后湖景区等组成。宫廷区主要位于万寿山东、南麓，是清朝末期慈禧与光绪从事内政、外交政治活动的主要场所。前山前湖景区是颐和园的主体，前山为万寿山的南坡，山顶高出水面六十余米，佛香阁一带复殿重廊、气势磅礴，彰显非凡的皇家威仪。前湖即为昆明湖，西堤及其支堤将前湖划分为“里湖”、“外湖”、西北水域三个部分，其中里湖面积最大，约一百二十七公顷，每部分水域内有一个大岛。昆明湖水面烟波浩渺，十七孔桥如长虹偃月倒映水面，西堤如风飘翠带横绝天汉，南湖岛、藻鉴堂、治镜阁三座岛上琼楼玉宇可比方壶胜境，往西又能远借玉泉山、西山景色，令人心胸豁然开朗。进入后山后湖景区，景色骤然为之一变，后山主要是万寿山北坡，后湖指后山与北宫墙之间的水道。后山后湖景区的山水空间较为幽闭，河岸时而收缩时而舒张，将河道划分成六个段落，形成一连串各具特色的小湖面，避免了漫长河道的僵直呆板，营造了一个相对独立、内聚的小环境。

至于大园包小园的例子，在古典园林中也不胜枚举，比如前文所述颐和园中的谐趣园，还有避暑山庄的碧静堂，拙政园的枇杷园、海棠春坞……其中最有代表性的可能要算俗名“乾隆小花园”的北海公园静心斋了，它既保持了独立的小园林格局，又与整体环境相契合，是一座典型的园中之园。北海公园位于今北京城的中心地区，东邻故宫、景山，南接中南海，北连什刹海，原为清大内御苑西苑的一部分，是中国现存历史最悠久的皇家园林之一。西苑旧址最早原为辽代中都西苑，历经辽、金、元、明、清五朝更迭，形成今天如琼阁仙山般的美景，也积累了丰富的文化内涵。静心斋是在乾隆年间西苑最大一次改造中建成的，原址是明代北台乾佑阁，当时园名为“镜清斋”，据说是当年乾隆皇帝最喜欢去的地方，光绪年间加建西北角叠翠楼，更名“静心斋”。

静心斋位于北海北岸，占地面积约七亩，以山水为主景，周围配以四个相对独立的建筑庭院烘托主景，布局巧妙，体现了我国北方园林艺术的精华。园林的正门与琼华岛隔水遥望，压在北海南北主轴线的最北端。进入园门后的方整水院空间幽闭，与园外浩瀚的北海形成鲜明对比，为内部山水主景埋下伏笔，南墙全为镂空花墙，使内外园景相互渗透。穿过主体建筑静心斋后即进入北部的山水主景区，由于适才方整水院的收缩，此时顿觉豁然开朗。不过该园为了让出园门外足够宽度的环海道路，所以整体进深不足，山水空间的设计尤有难度。为了延伸南北向的视野深度，所以对基本的左山右水格局进行了进一步划分，将假山叠为北高南低两重，西北为主峰，向东一直延伸至罨画轩，西南部为次山，略向东伸入池水中部。池水也做两分，跨西南次山伸出的部分至东南回抱之处建沁泉廊，沁泉廊北部水面嵌入南北两山之间的深谷，南部水面向两侧伸展。经此处理，两重山两重水之间互相嵌抱，增加了景观层次，使整个园景看起来更为深远。

中国古典园林艺术本于自然，但又高于自然，造园家在对自然山水适当的概括、提炼后，借鉴绘画表现手法进行布局营造，逐渐形成了一套完善的风格和技艺。园林的创作手法与诗、画等山水艺术一脉相承，它们在漫长的历史进程中相互作用、相互借鉴，形成了多元化发展的山水文化艺术体系。

山水文化博大精深，与风水文化，“儒”“释”“道”三教皆有所依，许多常用的山水格局也都来源于风水理论。应该说，山水文化中所蕴含的不仅有诗情画意，更有几千年传承的各门各类文化精髓，山水文化在园林中的体现能给园林带来更美的意境，更深的内涵，以及更广阔的视野和胸怀。

第五章

园林建筑文化

人们在谈起中国古典园林时，“亭台楼阁”“粉墙黛瓦”“雕梁画栋”“琼楼玉宇”等词汇总会在不经意间脱口而出，脑海中浮现出许多画面：或有凉亭翼然于假山之巅；或有曲廊蜿蜒于登山之径；或有幽斋掩映于竹林之中；或有虹桥轻跨于碧波之上；或有宝塔矗立于远山之间；或有阁楼闲停于松风之处……从中我们可以发现，亭、台、楼、阁、廊、榭、舫、桥、厅、堂、馆、斋、轩等园林建筑已在人们脑海中留下了深刻的印象，成为中国古典园林特有的符号。园林建筑在中国古典园林中扮演重要角色，往往处于景观构图的中心，成为视觉焦点，起到画龙点睛的作用。与一般建筑相比，园林建筑更讲究艺术性。它“巧”，巧于灵活的木架构、亲切的尺度、因势随形的布局以及“以人巧代天工”“曲折变幻、动静结合、虚实相生”的空间处理；它“宜”，宜在“因地制宜、合情合理”“宜亭斯亭、宜榭斯榭”“合人之情、合结构与自然规律之理”的景观安排；它“精”，精于结构的精巧、装饰的精美、以小见大的空间意境；它“雅”，雅在“清幽静雅”的环境气氛、“兹式从雅”的装饰纹样、“时遵雅朴”的材质色调。

第一节 因势随形，主从分明
——建筑布局

在中国古典园林中，山水风景是主体，园林建筑是从属。

不论数量多少，也不论功能如何，都力求与山水融糅，并强调建筑序列自身的主从关系。不同类型的园林，存在着性质、大小、环境条件等差异，园林建筑的布局也呈现出不同的特点。

◎ 北京北海公园湖面及白塔

皇家园林有大内御苑、行宫御苑和离宫御苑之分。大内御苑建在京城里面，与皇宫相毗连；行宫御苑和离宫御苑则大多建在郊外风景优美的地方，与行宫和离宫相结合。所以，皇家园林一般分为宫和苑两部分。宫的建筑布局严格规整，中轴对称，正殿居中，配殿分居两侧。苑部分即为园部分，一般空间广阔，风光旖旎，园林建筑布局呈现出“大分散、小集中”的形式，一方面，园林建筑因形就势地散布于各个景点；另一方面，结合自然地形的变化在全园高地集中布置建筑群，特别是通过在山顶设置高塔或楼阁，形成全园制高点，从而起到统摄全园的作用，试想，若北京颐和园没有佛香阁，北海公园没有白塔，那么，全园景点就会因为没有主体控制而流于松散。

私家园林大多地处城市，用地有限，边界明显。《园冶》中说：“市井不可园也；如园之，必向幽偏可筑，邻虽近俗，门掩无哗。”如何在这样的不利条件下，创造“结庐在人境，而无车马喧”的境域？可以说是困难重重，然而，我们的古代造园家做到了。也正是解决了这些不利条件，变不利为利，化挑战为机遇，从而形成了私家园林的布局特点。

私家园林大多无自然山水，造园家通过挖湖堆山来模仿自然山水，然而，自然山水何其大也，私家宅园如何有容它之处？谈到此处就不得不说一说“芥子纳须弥”的故事。

唐江州刺史李渤曾问智常禅师：“佛经上所说的‘须弥藏芥子，芥子纳须弥’，我看未免太玄妙离奇了。小小芥子，何以容纳那么大的一座须弥山呢？这实在是太不懂常识了，是在骗人吧？”

智常禅师听后，轻轻一笑，转问李渤：“人家说你‘读书破万卷’，是否真有这么回事呢？”

“当然了，当然了！我何止读书破万卷啊。”李渤扬扬得意。

“那么你读过的万卷书现在都保存在哪里呢？”智常禅师顺着话题问李渤。

李渤指着自己的脑袋说：“当然都保存在这里了。”

智常禅师笑了：“那就奇怪了，我看你头颅只有椰子那么大，怎么可能装得下万卷书呢？莫非你也在骗人吗？”

李渤听后，恍然大悟，豁然开朗。

这则故事虽短小，却寓意深远。明白了“芥子纳须弥”的哲理，我们就知道了何以方寸之石能代壁立千仞，何以一勺之水能代江河万里。私家园林筑假山以代真山，引活水为真水，上山设梯，过水架桥，山石间植以松竹青藤，水边配以杨柳红桃，水中点缀荷花香蒲。山水骨架是主，亭台楼阁为辅。主要建筑的布局在造园之初就要定好，其次序一般是：先定厅堂，再定楼阁，而后轩馆、亭榭，游廊结合园路贯穿其间，使建筑连成一片。如《园冶》中所云：“凡园圃立基，定厅堂为主。”园林建筑布局皆依山水骨架，建筑半开敞的空间与山水相互渗透，虚实相映与山水融为一体，达到浑然天成的境界。

私家宅园用地有限，相较于自然山水，犹如芥子之于须弥。如何在小空间中体现大自然的神韵，实现大小转换？古

◎ 苏州拙政园借景北寺塔

代造园家利用各种手法，达到了“以小见大”的空间效果。私家园林的中心一般都是空间开阔，主要厅堂建筑常设于此；而在边界上则是各种小空间。通过游览路线的精心布置，游人由小空间逐渐过渡到大空间，以欲扬先抑和大小对比的手法，实现大空间愈加显大的效果。私家园林中建筑宜人的尺度以及漏窗、洞门等虚实空间的交替转换，能给人造成距离感和空间感的错觉。园内空间有限，而人的视线可极目所至，因而催生了借景这种造景手法，包括“远借，邻借，仰借，俯借，应时而借”。读书有“凿壁偷光”，造园有“开窗借景”。此窗可以是墙上的漏窗，隔而不断，将窗外景色借入窗内；也可以是自然之窗，将天光月影、闲云飞鸟、风霜雨雪等纳入园中；还可以是心灵之窗，亭台楼阁，树影花容，通过造园家的精心布置，让人触景生情，思绪纷飞，穿透园墙，穿越古今。

私家园林边界明显，生硬呆板。如何虚化边界，寻求自然生动之趣？古代造园家以建筑布局和花木置石来打破生硬边界，化实为虚。于石墙下置以山石花木，半遮半掩，打破规则边界，实墙转化为山石花木的背景，形成“粉墙为纸，树石为绘”的景致；在贴近外墙处设置曲廊，曲廊与墙之间植以花木和布置山石，从远处看过来，墙与廊仿佛融为一体，廊檐下的虚空间弱化了墙体的实在感，而走在曲廊中，曲折变幻，也全然不觉实墙的生硬和压抑感；另外，墙角、角隅处也有相应处理,或配以花木山石,弱化墙角生硬之感,或叠石建亭,亭顶掩去墙垣,把人们的视线引向远处的天空。

说到寺观,我们总会联想到如此画面:在深山静林、闲云散雾处,有琼楼玉宇置于其间,时而传来悠悠钟声,时而传来空空梵音,时而有野鹤驾雾而走,时而有大雁结群而飞。视线往下,万千云梯盘山而行。行走其间,天光云影,忽隐忽现,鸟鸣山涧不见其影,泉水叮咚只闻其声。待登高凌云,极目骋怀,飘然似仙……。“山不在高,有仙则名”说的是仙灵赋予山神气,而不在其高低。招引仙灵,需造仙灵之所,仙灵之所即寺观建筑,所以,山林是寺观园林的最佳选址。我国许多名山大川都是宗教圣地,如佛教四大名山——山西五台山、浙江普陀山、四川峨眉山、安徽九华山,再如道教名山——四川青城山、湖北武当山。

◎ 湖北武当山建筑群

《园冶》有云:“园地惟山林最胜,有高有凹,有曲有深,有峻而悬,有平而坦,自成天然之趣,不烦人事之工。”山林自有自然之趣,寺观建筑只需依山就势,便得自然天成。就势而筑,与自然融为一体是其基本准则,当然这也是其他类型的园林建筑布局的准则之一,除此之外,寺观建筑还有其自身的特点。

寺观中最重要的建筑自然是进行宗教活动的殿堂,如三清殿、老君堂、天王殿、大雄宝殿等,这些建筑往往沿中轴布置，层层递进；其他建筑如亭、廊、僧侣居所等，则随地形灵活设置，散落于主体建筑周围。

寺观是圣洁灵地，是神仙居所。为突出寺观圣灵的特点，寺观园林很重视朝圣者由“尘世”入“仙界”路线中的心理感受和环境气氛的营造。首先表现在登山阶梯上，朝圣者一步步地拾级而上，一走一停，犹如“三步一叩、九步一拜”；其次表现在寺观内，庙宇建筑在高台之上，朝圣者需登级而上，在心理上完成一个从“俗”入“圣”的过渡。

中国古典园林崇尚自然山水，强调师法自然，追求“源于自然而高于自然”的境界。园林建筑布局服从总体山水格局，隐于山形水势中，达到人工与自然高度和谐的境界。

第二节 巧宜精雅，飘然俊逸
——建筑造型

无论谁在园林中看到了具“飞檐翘角”“梁枋斗拱”“木柱花格”等特征的建筑，心理都会有一个很确定的答案：哦，那是中国的。中国古典园林建筑的小巧空灵、亲和宜人、精致优雅、飘然俊逸的造型特点已深入人心，成为中国传统文化的象征符号。

“亭者，停也。”亭子是园林中最常见的建筑之一，兼具观景和点景作用。亭子体量较小，造型灵活多变。屋顶以攒尖形式为主，也有歇山、卷棚等样式；平面形状有三角形、正方

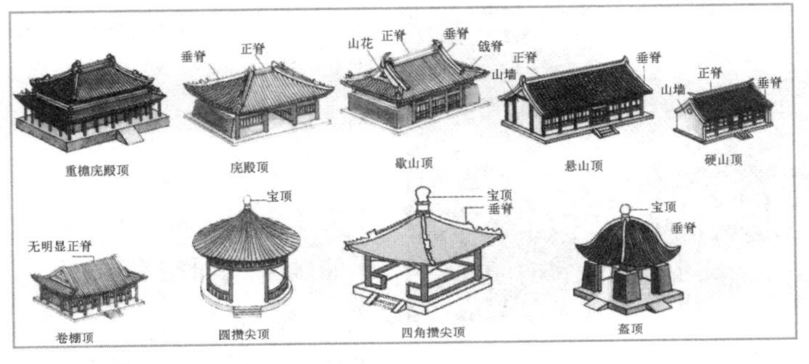

◎ 中国传统建筑屋顶常见造型

形、六边形、八边形、圆形、扇形等；立面上有单檐、重檐之分。

杭州西湖三潭印月的“开网亭”是三角亭，位于九曲桥的拐角处，造型极为精致轻巧，既丰富了曲桥的立面景观，又是观赏湖光山色的绝佳地点。苏州网师园的“月到风来亭”为四角攒尖顶式，飞檐翘角，三面环水，背靠长廊。在月到风来时，来到此亭，临风赏月，实为一番美事。与如此佳境相似，苏州拙政园的“与谁同坐轩”，营造的则是“**与谁同坐？明月、清风、我**”的孤高、超脱的意境。此轩实为亭，临水而建，平面犹如折扇展开，独具特色。亭内桌、凳和窗洞形状也均为扇形，故此亭亦称“扇亭”。

“**廊者，庑出一步也，宜曲宜长则胜。**”廊在园林中起着引导游览路线、分隔空间、组景和丰富景观的作用，以“回环九曲”为美，以“幽远绵长”为妙。廊的造型也很丰富。从横剖面来看，廊有双面空廊、单面空廊、复廊和双层廊等；从与环境、地形结合的角度来看，廊有直廊、曲廊、回廊、爬山廊、桥廊等。

双面空廊即两边无墙体的廊。北京颐和园长廊属双面空廊，东起“邀月门”，西至“石丈亭”，全长七百二十八米。长廊北依万寿山，南临昆明湖，游走于长廊之中，南可赏开阔明静

◎ 苏州拙政园曲廊

的湖水，北可观林木苍翠的山景，中可品梁枋之上的彩画。同时，长廊中间点缀四座重檐八角攒尖顶的亭子，丰富了立面效果。苏州拙政园曲廊为单面空廊，一侧临水，一侧为墙，墙上开漏窗。水面平静清幽，漏窗将墙外绿意引入廊内。墙外林木苍天，枝条开展，夏可生凉意，冬则显苍劲。复廊即在双面空廊中间插一堵墙，苏州沧浪亭东北面的廊即为复廊。此廊妙在借景，沧浪亭本无水，而园北部外有河流，造园家见此，匠心独运，建此复廊。此廊既分隔了园内外空间，又将园内外景色融为一体，园外河流似乎成为园子的一部分，虽处园外，犹在园中。拙政园“小飞虹”为一桥廊，此廊特色皆融于其景题中，“小”道出了它的小巧，“飞”写出了它的灵动，“虹”绘出了它的轻盈。

厅堂是园林中的主体建筑，是园主日常会客、议事、行礼的主要场所。“厅，所以听事也。”“古者之堂，自半已前，虚之为堂。堂者，当也。谓当正向阳之屋，以取堂堂高显之义。”由此可见，厅和堂并无严格区别，两者往往连称。厅堂常处于园林中最重要的位置，体量高显，具有良好的观景条件。

扬州个园的桂花厅，亦称“宜雨轩”，坐北朝南，四面虚窗，宽敞明亮。厅前遍植桂花，厅北与清漪亭隔湖相望，厅西北为苍翠如滴的夏山，东北为明净如妆的秋山，四面皆有良好的景致。南京瞻园的静妙堂，室内由隔扇划为南北两厅，厅北设宽敞平台，隔水与北假山相望，厅南建月台与美人靠，可观池中游鱼与南假山景色，可谓“妙境静观殊有味，良游重继又何年。”

楼和阁是园林中的高层建筑物，体量较大，造型丰富，是重要的点景建筑，在形制上二者不易区分，一般以“楼阁”并称。

◎ 苏州沧浪亭看山楼

中国古代著名楼阁众多，是受文人雅士青睐的场所。湖北武昌的黄鹤楼，相传始建于三国时期，因唐崔颢诗句“昔人已乘黄鹤去，此地空余黄鹤楼”而名声大振。宋画《黄鹤楼图》再现了宋朝时该楼的面貌。陆游也曾在《入蜀记》一文中赞誉其为“天下奇景”。湖南岳阳的岳阳楼，濒临洞庭湖，相传始建于唐朝。李白有诗云：“楼观岳阳尽，川迥洞庭开。”杜甫亦曾登临岳阳楼：“昔闻洞庭水，今上岳阳楼。”宋代范仲淹《岳阳楼记》一文，更使岳阳楼名扬天下。江西南昌的滕王阁，始建于唐朝，因“初唐四杰”之首王勃的一篇骈文——《滕王阁序》而名贯古今，誉满天下，更有“江南三大名楼之首”的美誉（其余两者即为黄鹤楼和岳阳楼）。苏州沧浪亭的看山楼，高达三层，底层为黄石堆叠的“印心石屋”，上两层为木结构，翼角高翘，轻巧灵动。“看山”取自宋代苏轼诗“树暗草深人静处，卷帘敧枕卧看山”和元代虞集诗“有客归谋酒，无言卧看山”，道出该楼良好的观景视域和点景作用。

《园冶》有云：“散寄之居，曰‘馆’，可以通别居者。今书房亦称‘馆’，客舍为‘假馆’”，“轩式类车，取轩轩欲举之意，宜置高敞，以助胜则称。”寄居的临时居所、书房、旅舍都称

"馆"。轩与古代车舆的"轩"类似,取其轩昂欲飞之意。可见,馆和轩在园林中也无固定的形式。馆、轩也属于厅堂类型,但尺度较小,处于次要地位。

在江南园林中,馆一般建于清幽、雅静的环境中。如苏州沧浪亭的翠玲珑小馆,取自北宋苏舜钦诗:"秋色入林红黯淡,日光穿竹翠玲珑"。建筑分为一横、一竖、一横三段,曲折布置,别具一格。建筑周围遍植翠竹,风乍起,万竿摇曳,苍翠欲滴,日光穿竹,洒下玲珑清影。在皇家园林中,馆常作为某一建筑群的统称,如北京颐和园的听鹂馆,原为慈禧太后欣赏戏曲和音乐的地方。该馆坐落在万寿山南麓,前隔长廊可望昆明湖,四周翠竹掩映,景色宜人。在园林中,轩一般指地处高旷、环境幽雅的建筑物。如苏州留园的闻木樨香轩,处于中部景区的制高点,背廊面水,每逢仲秋,桂花馥香沁人心脾。

"榭者,藉也。藉景而成者也。或水边,或花畔,制亦随态。"榭是借助景观意境建造而成的,常置于水边或隐于花间,形制亦随景致而变。我们现在经常所说的"榭"一般临水而建,故亦称"水榭"。它一半伸入水面,一半架于岸上,四面开敞或设有窗扇。

芙蓉榭是苏州拙政园东部的一座临水建筑,卷棚歇山顶,因池中植荷而得名。榭向水面敞开,东面为落地罩门,南北两面为窗格,古朴典雅,颇具书香之气。周围林木掩映,环境幽雅。若在夏月当空之际,亲临水榭,朗朗皓月、清清荷影、阵阵荷香定能让人如痴如醉,物我两忘。

舫为园林中依水面而建的船形建筑,亦称"不系舟"。舫一般分为前舱、中舱和后舱三部分,前舱形如水榭,向水面敞开;中舱最矮,两面开窗,以供观景;后舱最高,一般为两层,上虚下实,二层可开窗远眺。舫不仅造型轻盈舒展,而且意蕴深远。孔子曾说："道不行，乘桴浮于海。"李白曾撰诗："人生在世不称意，明日散发弄扁舟。"孟浩然亦有诗言："扁舟泛湖海，长揖谢公卿。"封建士大夫阶层，在仕途不如意时，总会感慨自身如海中扁舟，飘摇不定。园中建舫多为园主寄情于舟，一来抒发人生的不如意，二来希望自己一帆风顺，平安如意。

香洲是苏州拙政园中的标志性建筑之一，是典型的"舫"式建筑。香洲取自屈原笔下的："采芳洲兮杜若，将以遗兮下女"，寄予了文人士大夫的理想情志。水面植以荷花，夏季荷香四溢，以荷花代香草，亦颇为贴切。北京颐和园石舫，名曰"清宴舫"，带有西洋建筑风格。唐朝魏征曾将天下百姓喻为水，称"水能载舟，亦能覆舟"，用来告诫皇帝应造福百姓，否则只有灭亡。"清宴"即"海清河晏"，寓意"江山稳固，天下太平"。

◎ 北京颐和园清宴舫

塔也是园林中常见的建筑，特别是在寺庙园林中。东汉时期，塔随佛教传入我国。相传释迦牟尼圆寂后，八国国王和他的弟子将他的遗体火化，烧出色泽晶莹、质坚如珠的骨牙，称为"舍利"，被分散保存在修建的"窣堵坡"（梵文 Stupa 的音译）即坟墓里。"窣堵坡"下层为基座，基座上建半球形的坟冢，坟冢上盖尖顶——这便是塔的雏形。这种外来文化很快被融合、吸收，与我国楼、阁、亭、台等建筑相结合，形成独具中华民族文化特色的塔。

白马寺塔是我国第一座塔。东汉时，有两个天竺僧人，用白马驮着佛经和佛像来到洛阳，后来在此建塔，以白马命名。

可惜的是，在塔建成几十年后，毁于雷火。现存塔称为齐云塔，是金代建筑的遗存之一。中国现有塔中，最著名的莫过于杭州西湖的雷峰塔。《白蛇传》的故事家喻户晓，白娘子为追求爱情的自由，被法海压在雷峰塔下。古往今来，有多少善男信女登临雷峰塔，感受和体验那凄美的爱情传说。

桥是沟通水两岸的建筑，造型多样，有似虹如带的拱桥，有曲折有致的平桥，有桥上建亭而成的亭桥、筑廊而成的廊桥，还有活泼有趣的汀步。不论何种形式的桥，造园家都将之与山水融为一体，其精妙的景致受到许多文人的描绘赞誉或寄情抒怀，如唐朝王勃诗句："泉声喧后涧，虹影照前桥"，上官仪诗句："雨霁虹桥晚，花落凤台春"，等等。

◎ 杭州西湖长桥

桥不仅造型美，而且承载了许多流传千古的故事。在杭州西湖断桥上，白娘子和许仙以雨伞为媒介，在一借一还中，引发了一段惊天动地的爱情故事；梁山伯与祝英台于同窗三载临别之际，在西湖长桥上十八相送，谁都不愿意先走，"送君送了十八里，长桥不长情意长"；两千多年前，西楚霸王项羽在经过江苏沭阳的霸王桥时，在桥的中间停下了脚步，眼睛定格在水中船上身姿婀娜、貌若天仙的采菱姑娘——虞姬身上。虞姬也认出项羽就是自己仰慕已久的举鼎英雄，亦大胆地向他传递秋波。不知是天公作美，还是虞姬有意，船身突然摇晃，瞬间倾覆。当虞姬醒来时，发现自己已躺在霸王怀中。这三个爱情故事最终都以悲剧结束，但它们赋予了桥丰富的人文内涵和意境涵蕴。

中国古典园林建筑类型多样，造型各异，姿态优美，并与环境融为一体，既是良好的观景场所，又起着点景作用，并承载着古往今来许许多多让人不时想起，心中会泛起涟漪的美丽故事。

第三节 隔而不断，饰而还雅——建筑装饰

人们常说的“雕梁画栋”“精致典雅”等词语，说的便是我国传统建筑的装饰。建筑结构构件是装饰的载体，其结构件从上到下，有屋脊、天花和藻井、瓦当、斗拱、梁枋、门窗、柱、柱础、抱石鼓、栏杆、台阶、台基等。装饰题材极其丰富，囊括动物、植物、器物、人物、彩画、文字、组合图案等，这些题材往往蕴含着人们的期许和愿望，可以说“**有图必有意，有意必吉祥**”，装饰是传统文化的形象表征。装饰的表现手法主要包括象征法、程式化法和情景法三种，以下就从这三方面来对中国传统园林建筑的装饰作具体的介绍。

大家都知道象征法常用于书画中，而建筑装饰和书画一样都是作为一种符号，向人们传递着一定的意义，所以象征法也非常广泛地出现于建筑装饰上，并主要包括形象象征、谐音象征和色彩象征三种基本表现形式。

形象象征，顾名思义即比拟万象之形态、习性来传达一定的意蕴。动物有龙、凤、麒麟、狮子、虎、龟等祥瑞神兽；植物有

岁寒三友——“松竹梅”，花中四君子——“梅兰竹菊”，出淤泥而不染的佛教圣花——荷花，花中富贵者——牡丹等；器物有过海八仙的神器“暗八仙”——葫芦（李铁拐）、团扇（汉钟离）、宝剑（吕洞宾）、莲花（何仙姑）、花篮（蓝采和）、渔鼓（张果老）、横笛（韩湘子）、阴阳板（曹国舅），寓意超凡脱俗的古代文人四艺——琴棋书画等；也有状自然景物的，如高山、流水、祥云等。

在皇家园林中，殿宇屋脊的装饰是非常重要的，它不仅能装点建筑，同时也代表着权威和等级。正脊两端、垂脊顶端和戗脊顶端都有龙形饰物，作张口吞脊状。正脊的叫正吻，垂脊和戗脊的分别叫垂兽和戗兽，也称鸱吻、螭吻或蚩吻。传说它们是龙之子，明代李东阳《怀麓堂集》中记载：“龙生九子，不成龙，各有所好。”蚩吻是九子中的幼子。又据《归藏·启筮》记载：“鲧死后三年不腐，剖之以吴刀，化为蚩龙。”所以蚩吻可能与治水英雄大禹的父亲鲧有关，鲧治水不成，后遭天帝处决，被后人尊为水神，蚩吻则是他的化身。关于吻兽的传说还有很多，大都与水有关，故它们是镇火灾的祥物。另外，在屋檐处有蹲脊兽，安装数量以多为贵，最高者十一。脊端由骑凤仙人始，后依次为龙、凤、狮子、天马、海马、狻猊、押鱼、獬豸、斗牛、行什。关于蹲脊兽的传说也有很多，有人说骑凤仙人是姜太公骑着他那“似兽非兽，似鸡非鸡”的“四不像”；也有人说是春秋齐国国君齐泯王在战败逃难之际乘着大鸟过江而幸免一难；也有说仙人是大禹、圣人等等。关于龙凤和其他蹲兽的传说也数不胜数，这里就不一一列举了。要记住这十一个蹲兽似乎有点难度，这里不妨说一个口诀：骑凤仙人跟十兽，一龙二凤三狮子，天马海马六狻猊，押鱼獬豸九斗牛，最后行什像个猴。

在私家园林中，建筑朴素雅致，装饰主要在山墙、门窗、门楼、挂落等处。如门洞，形状各异，有圆形、六边形、八边形、海棠花形、叶形、瓶形等，虽然简单朴素，却韵味十足；再如山墙，山墙是两面坡与侧面墙形成的等腰三角区域，在上面雕刻植物、动物等图案，称作“山花”。狮子林贝氏祠堂的山墙雕以寿星、松和鹿的组合图案，寓意“福禄寿”，形象生动。再如漏窗，形式更是多样，有瓶形、葫芦形、扇形、南瓜形等等，墙上开窗，似隔非隔，形成极好的透景和框景效果。

◎ 蹲脊兽

谐音象征，即以汉字谐音隐喻一定的思想内容。最常见的有“莲”同“连、年”、“荷”同“和、合”、“鱼”同“余”、“戟”同“级”、“狮”同“事”、“蝠”同“福”、“鹿”同“禄”、“瓶”同“平”、“梅”同“眉”、“羊”同“阳”等。莲花是佛教圣花，自佛教传入中国，莲花便成为建筑装饰的常用题材，常与“三支戟”组合寓意“连升三级”；莲下有游鱼则喻“年年有余”；莲又称荷，有和谐、聚合、团圆之意。瓶常与四季花组合，象征“四季平安”；瓶中插三戟，意为“平升三级”。蝙蝠常和寿字纹组合，形成“蝙蝠捧寿”的图案，含“福寿双全”之意。梅花除作为岁寒三友图外，还常与喜鹊组合，喻“喜上眉梢”。鹿常与松树、寿星组合，象征“福禄寿”。而三只羊和明月、祥云组合，形成“三阳开泰”之情境。谐音象征是古人将自己的情感寄托于万物，以物的读音的谐音来表达思想愿望，趣味十足，寓意深远。

色彩象征,即以色彩来表达一定的意义内涵。说到皇家园林的宫殿,我们可能会想到“金碧辉煌”,而说到私家园林的建筑,我们则会想到“粉墙黛瓦”,前者色彩华丽,后者色彩淡雅。皇家园林建筑常用“红黄”两色。红色代表太阳,代表红火,是喜庆的颜色。在我国,逢年过节或筹办喜事,多用红色。过年时,人们穿红戴红,包压岁钱要用红包,春联要用红纸;男女结婚,女方要穿红衣裤、盖红头盖、坐红花轿,男方也要佩戴红花;庆祝寿辰时吃的蛋要染成红色,甚至有些地方连豆腐也要染成红色或贴上红纸。在紫禁城里,我们能看到成片的红墙和红门窗。可见,不管在皇城还是在民间,红色的象征意义都普遍存在。黄色在皇家宫殿中与红色并用,两者对比强烈,色彩鲜明突出。我国自宋朝开始便认为黄色是权力的象征,黄袍为皇帝所独有,黄色也为皇帝专用。而江南私家园林建筑色彩则以黑白灰和暗红为主,白墙、黑瓦、暗红或黑色的木构架、灰色砖雕、灰色假山、灰色石桥等等,皆表现出淡雅退隐的个性。较红黄的热烈、紧张、动感、积极,粉墙黛瓦素淡、放松、安静、消极,两类不同的色彩表现出了两类园林建筑的不同性格。所以,色彩在园林建筑装饰中也是很重要的一部分。

面对众多的装饰题材,每一题材的形象又多变,若不加以程式化,是不可能大量运用于建筑装饰上的。因而,程式化法是通常使用的方法。装饰艺术虽然与绘画艺术有共通之处,但并不等同于绘画。装饰图案往往是对题材对象的简化,追求神似,着力表现对象特征,很多时候并不关注比例。比如莲花纹样的程式化形式为仰覆莲瓣,仰莲瓣即一圈莲瓣朝上,若手捧状;覆莲瓣则相反,若覆盆状。每瓣亦只勾勒其轮廓,并且大小统一。仰覆莲瓣常用于柱础和石栏杆的望柱上。上文讲到的山、水和云纹，其形象亦相当固定，常用于柱础、石栏杆等构件中。再如“暗八仙”，其式样也都定型化了，常用于柱础、砖雕、木雕和彩画之中。再有如瓦当上的蝙蝠纹、寿纹、各种祥瑞动物纹和植物纹也都是被简化的形象，但其神态犹存，虎豹之凶猛、鹿羊之温驯、飞马之奔腾……都表现得惟妙惟肖。此外，亭廊轩榭等的挂落、厅堂的木格门窗，其形式亦比较统一。

程式化保证了建筑装饰的统一和制作流程的方便，但有单调呆板的缺点。同时，要做到完全的程式化、统一化也不可能，正如《园冶》中所道：“工精虽专瓦作，调度犹在得人”，工匠虽经验丰富，做工精巧纯熟，但最终的决定权还在于主持设计的人。在实践中，或根据造园家喜好，或依照园主兴趣，或遵循各地民俗，装饰形象都会发生一些变化，从而使得园林建筑装饰在统一中有变化。比如上文提到的江南私家园林的漏窗，造型各异，千变万化，富于光影变幻，有的还将漏窗形象和墙面雕饰相互组合，如瓶形漏窗和墙面雕刻的莲组成图案，独具匠心。再如“宝相花”，一般以某种花卉（如荷花、牡丹）为主体，中间镶嵌着其他花叶，这虽违背了植物的自然形态，却具有精美的图案效果，显得热闹丰盈。

最后一种手法是情景法。装饰题材往往都不是单独出现，而是由多种组合而成，其中许多带有情节内容。北京颐和园长廊的彩画可能是运用此手法之最的园林建筑装饰了。长廊共二百七十三间，每一开间的梁枋上都绘满彩画。除了山水美景外，

◎ 北京颐和园长廊彩画：桃园三结义

◎ 苏州网师园藻耀高翔砖雕门楼

彩画中还汇集了许多神话故事、民间传说、历史小说等。有《三国演义》中的刘备三顾茅庐、刘关张桃园三结义；有《水浒传》中的武松打虎、鲁智深倒拔垂杨柳；有《红楼梦》中的元春省亲；有《西游记》中的孙悟空三打白骨精；有戏曲《铡美案》中的秦香莲于陈世美寿辰乔装歌女，以求破镜重圆的故事……俨然一座文化长廊。另外，苏州网师园中有“江南第一门楼”之称的“藻耀高翔”砖雕门楼，雕工精巧，人物、动物、植物形象栩栩如生，两侧所雕为“郭子仪上寿”和“文王访贤”的故事。郭子仪乃唐朝朝廷大功臣，富贵长寿，此砖雕寓意福寿双全；周文王乃大德之君，姜太公为大贤之臣，周文王得姜太公，则喻德贤兼备。

园林建筑装饰题材丰富、形象生动、寓意深远，它使得建筑构件不仅是建筑形体和重量的承载者，更是中国传统文化的承载者。

第四节 辞中寄情，象外生景
——建筑品题

说到题词点景，想必大家并不陌生，《红楼梦》第十七回

“大观园试才题对额，荣国府归省庆元宵”中就有贾宝玉随贾政和众清客为刚竣工的大观园各景点题名的情景。贾政提道：“……偌大景致，若干亭榭，无字标题，也觉寥落无趣，任有花柳山水，也断不能生色。”此中道出了题词点景在园林中的重要意义。以下引原文片段以述其雅：

桥上有亭。贾政与诸人上了亭子，倚栏坐了，因问：“诸公以何题此？”诸人都道：“当日欧阳公《醉翁亭记》有云：‘有亭翼然’，就名‘翼然’。”贾政笑道：“‘翼然’虽佳，但此亭压水而成，还须偏于水题方称。依我拙裁，欧阳公之‘泻出于两峰之间’，竟用他这一个‘泻’字。”有一客道：“是极，是极。竟是‘泻玉’二字妙。”贾政拈髯寻思，因抬头见宝玉侍侧，便笑命他也拟一个来。

宝玉听说，连忙回道：“老爷方才所议已是。但是如今追究了去，似乎当日欧阳公题酿泉一‘泻’字，则妥，今日此泉若亦用‘泻’字，则觉不妥。况此处虽云省亲驻跸别墅，亦当入应制之列，用此等字眼，亦觉粗陋不雅。求再拟较此蕴藉含蓄者。”贾政笑道：“诸公听此论若何？方才众人新编，你又说不如述古，如今我们述古，你又说粗陋不妥。你且说你的来我听。”宝玉道：“有用‘泻玉’二字，则莫若‘沁芳’二字，岂不新雅？”贾政拈髯点头不语。众人都忙迎合，赞宝玉才情不凡。贾政道：“匾上二字容易。再作一副七言对联来。”宝玉听说，立于亭上，四顾一望，便机上心来，乃念道：绕堤柳借三篙翠，隔岸花分一脉香。贾政听了，点头微笑。众人先称赞不已。

不论宝玉所题优劣还是众清客所拟好坏，从他们拟题过程中来看，可知题名来源可“引经据典”，也可“自拟新编”。所题词句是对景象感受的描述而非景点本身，当中融入了人的情感，它源于景象，又高于景象，让游人产生联想，形成象外之境。

题词于建筑上,表现为匾额和楹联。匾额一般悬挂于建筑入口门顶之上、室内正面墙壁上或漏窗门洞之上,横者称匾,竖者为额。"楹"为堂屋前部的柱子,楹联则是悬挂于楹柱之上的对联。匾额和楹联融文学、书法等多种传统艺术于园林艺术之中,是中国古典园林建筑的特有装饰。在材质和颜色上呈现出不同类型园林建筑的典型风格特征。在皇家园林和寺观园林中我们可以看到许多金边、蓝底、黄字的匾额和黑底、黄字的楹联,显得富丽堂皇;而在私家园林中的匾额和楹联则主要为淡雅朴素的原木色底和绿、蓝等冷色调字;另外,在文字形体上,匾额、楹联上所书文字字体以古香古色的篆、隶和自然流畅的行书居多,而且大多出自名家之手,其形体或刚健挺拔、或飘逸潇洒。对富于诗情画意的中国园林来讲,匾额、楹联的内容比装饰本身更加吸引人,它或状景、或叙典、或抒情、或言志。游人赏景以视觉为主,而匾额、楹联可以引导游人边看边思,在有限的实际物质空间内创造无限的思维心理空间,它源于景象,却超然象外,生象外之境、景外之情,此中奥妙如茗茶美酒,需细细品,慢慢尝。

远香堂是苏州拙政园中部的主体建筑,面水而筑,水中植有荷花。"远香"取自周敦颐《爱莲说》中的"香远益清",既点荷塘"花叶清影、藕香四溢"之美景,又喻隐士"出淤泥而不染"的高洁品格。看其名,览其景,便生文人隐士之情思。远香堂内有由清代官吏、画家张之万所

◎ 苏州拙政园远香堂

题一楹联："曲水崇山，雅集逾狮林虎阜；莳花种竹，风流继文画吴诗。"上联状景，"崇、曲"二字简明准确地点出了拙政园的山水特征，再与狮子林和虎丘作对比，衬托此园之胜景；下联写人，园主栽花种竹，其闲情雅致、风韵才华不亚于画家文徵明、诗人吴伟业。而"远香堂"匾额两侧的一幅佚名楹联更道出此园的主题："建业报襄，临淮总榷，数年间大江屡渡，沧海曾经，更持节南来，息劳劳宦辙，探胜寻幽，良会机忘新拙政；蛇门遥接，鹤市旁连，此地有佳木千章，崇峰百叠，当凭轩北望，与衮衮群公，开樽合尘，名园且作故乡看。"楹联作者无处考证，但读罢此联，大意已清，让人感慨万千。此联作者回想过往年岁，沧海桑田，风云变幻，在名利场中忙忙碌碌，曾几次出使南国，探寻幽静之处，美好的聚会使人陶然忘机，忘却自己从政之笨拙。名园与蛇门（苏州古城门）相去甚远，与阊门毗邻相接，园内佳木茂盛，山岛众多，是闲暇探幽的好去处，置身佳境，应当凭轩北望，与在北方的众同僚，举杯畅饮，话家常，聊尘事，暂且把名园（拙政园）当作故乡吧。看古人，鉴今人，当今社会人们整天奔波忙碌，精神世界日渐贫乏。就拿游园来说，有几人能停下脚步来细看池中游鱼，体会其悠游之乐？有人曾想过对面阁楼上抚琴女所弹奏的是一首什么样的曲子吗？又有谁留意到了闲停于水边的木船，曾经承载了多少故事，现在它又在等着谁的登临？这些文字，又有几人从头到尾读过，品味其中的韵味？面对我们迟钝的感官，多少佳话美谈退隐到了暗处，随历史的车轮，化作云烟，最后只留下旧月笑今人。故乡已不是故乡，而真正的故乡又在哪儿呢？

与远香堂成对景的是池中一山岛，有方亭立于山之巅，名为"雪香云蔚亭"。亭旁植以梅树等，"雪香"即梅香，取自"遥知不是雪，为有暗香来"。"云蔚"指山间林木茂盛。"雪香云

◎ 苏州拙政园雪香云蔚亭

蔚”不仅在感官的嗅觉和视觉上点出了山林之景，而且在心理上给人林深幽静的感觉。而悬于亭南的匾额和楹联更是描写出山林的景与境，匾额上书：“山花野鸟之间”，简明直白，却抓住了表现山林野趣的意象：山花和野鸟。若再想起唐朝钱起所写诗歌《山花》中的“山花照坞复烧溪，树树枝枝尽可迷。野客未来枝畔立，流莺已向树边啼”，仿佛能够看到晨光穿过高大树木的树枝，在低矮山花上筛下斑驳的光影，流莺拍翅于枝头，正向不远处飞来的野鸟啼叫，呈现出一幅鸟语花香的图景。楹联为文徵明所题：“蝉噪林逾静，鸟鸣山更幽。”取自南朝诗人王籍的《入若耶溪》意为：蝉叫于深林，音逾噪则更显林深静谧；鸟鸣于山涧，声逾响则更显山谷清幽。此处用以声写静的手法，表现了山林深谷之静谧清幽：越安静，声音越大；声音越大，越安静，极具禅意。以声写静的手法在古诗词中很多，如王维《鸟鸣涧》中的“人闲桂花落，夜静春山空。月出惊山鸟，时鸣春涧中”，以山鸟鸣叫写出月夜的静谧；再如常建《题破山寺后禅院》中的“万籁此俱寂，但余钟磬音”，以钟声描写寂静。边看边想，突然间觉得恍惚迷离，脱离时空，回过神来，发现亭还是那亭，树还是那树，而人已随思绪穿越了时空、畅游了古今，这就是园林建筑中匾额、楹联“源于景象，却超以象外，生象外之境、景外之情”的奥妙之处。

再如苏州沧浪亭的对联“清风明月本无价，近水远山皆有情”，取自欧阳修和苏舜钦的诗赋；苏州网师园月到风来亭取韩愈诗句“晚年秋将至，长月送风来”；北京陶然亭以白居易的诗“更待菊黄家酿熟，共君一醉一陶然”得名；颐和园昆明湖畔的知春亭取意苏轼诗句：“竹外桃花三两枝，春江水暖鸭先知”；长沙岳麓山青峰峡爱晚亭的来源是杜牧诗句：“停车坐爱枫林晚，霜叶红于二月花”；苏州拙政园留听阁用的是李商隐诗句：“留得残荷听雨声”；苏州网师园濯缨水阁因临水也取意屈原的“沧浪之水清兮，可以濯我缨”……

当然，以上所提到的匾额、楹联只是中国古典园林中的沧海一粟，其中所蕴藏的中国传统文化如浩渺烟波，更待有心人予以挖掘。

第五节 廊接馆舍，势留平仄
——留园建筑

留园是中国四大名园之一，本是明嘉靖年间太仆寺卿徐泰时的东园，几经易主，曾名“寒碧山庄”“刘园”，至光绪二年为毗陵盛旭人所得，并改名“留园”，取“刘”之音，而不致新名不熟于人口。清俞樾在《留园记》中曾赞叹“留”字取得好：“美矣哉，斯名乎！称其实矣。夫大乱之后，兵燹之余，高台倾而曲池平，不知凡几，此园乃幸而无恙，岂非造物者留此名园以待贤者乎？是故泉石之胜，留以待君之登临也；华木之美，留以待君之攀玩也；亭台之幽深，留以待君之游息也。其所留多矣，岂止如唐人诗所云‘但留风月伴烟萝’者乎？自此以

往，穷胜事而乐清时，吾知‘留园’之名，常留于天地间矣。”而后留园在抗战中遭破坏，新中国成立后经修缮以复古园之貌，并于1997年被列入世界文化遗产名录。

留园总体分为中、西、东、北四部分。中部以山水见长，水池居中，建筑假山环池而筑，池中建岛，曲桥相连，峰峦环抱，古木参天；西部为山林区，山石嶙峋，草木繁茂，静雅清幽，野趣盎然；东部以建筑庭院为主，重檐叠楼，庭院深深，曲院回廊，奇峰秀石，引人入胜；北部则呈现出一派农家田园风光，有葡萄藤架、梅花丛林、盆景花圃等。四大景区以廊贯通，以墙相隔，墙上多凿有漏窗、洞门，各处景色互相渗透，隔而不断，分而不离。游留园首看建筑，留园的建筑布局在中国古典园林中堪称佳作。留园建筑集江南园林艺术之大成，其布局紧凑，层层相属，环环相扣；其空间处理巧妙，运用虚实结合、以小见大、欲扬先抑等手法，使得建筑空间变幻无穷，有藏有露，疏密有致，虚实相间，富于光影变化，令人叹为观止。园中建筑的每一处转折，每一孔漏窗，每一块匾额，每一对楹联，都蕴涵造园家的良苦用心。

◎ 苏州留园花步小筑

留园大门位于中南部，从大门至园子中部是一条长五十多米忽明忽暗的通道，穿过通道，来到的是留园第一个景点：古木交柯。高墙之下，筑有花台，台上现植柏树和山茶各一株，透过枝叶可见粉墙上镶嵌有砖雕匾额：古木交柯。“古木”原指古柏和古山茶，后来两棵树都枯死，园子几经修缮，而成今日之景。“交柯”指两棵树枝条缠绕交织，喻夫妻连理，百年好合。前面粉墙开六窗，花格图案各异，透过漏窗，园中部山池之景已隐约可见。由古木交柯向西走数步，穿过一小门洞，是一个窄小的天井。粉墙下置有景石组，或卧、或躺、或立，形态各异，高低错落。石组左侧植有一丛南天竹，石组右侧与墙相接处有青藤长出，蜿蜒而上，至墙头复又垂下，一串串绿叶下嵌有砖雕匾额：花步小筑。“花步”指“花步里”，是苏州留园一带的旧地名，“步”同“埠”，“花步”即卸装花木的码头，“里”是旧时街坊单位，五户为一邻，五邻为一里，“邻里”就是这样来的。“小筑”是园主谦称自家宅园小。此天井虽小，却构图精巧，韵味十足，仿若一幅以粉墙为纸的山水画。出“花步小筑”，是“绿荫轩”。绿荫轩向中部山池敞开，倚栏北望，中部水景、假山、林木尽入眼中。此时再想起从园门走来的一段路途，由小到大，由暗转明，最后豁然开朗，便觉造园家构思之精妙，趣味十足。“绿荫”取自明代诗人高启的“艳发朱光里，从依绿荫边。”先前轩旁植有一颗老榉树和老枫树，枝叶开展，洒下一片绿荫，故得此名。再往西行就是“明瑟楼”和“涵碧山房”，明瑟楼为二层卷棚单面歇山顶，飞檐翘角，涵碧山房为卷棚硬山顶，两者紧邻。“明瑟”取自《水经注》中的“目对鱼鸟，水木明瑟”，意思是这里环境清新幽雅，鸟语花香，池鱼悠游，池水草木洁净艳丽。“涵碧”源于宋代朱熹诗句：“一水方涵碧，千林已变红”，指水清如玉，同时也指水中建筑和山林的倒影清丽。“明瑟”和“涵碧”都点出了中部山池清新雅丽的景象。再向西行，便进入了曲廊，曲廊全长约有七百米，因势随形，蜿蜒起伏，它或紧贴墙垣，或与墙相隔一段距离，中间配以山石花木，弱化了墙垣的生硬感。曲廊为游人提供了避雨遮阳的场所，也将游人引至各个景点。沿曲廊而行，便进入了第一个景点：闻木樨香轩。轩居中部景区制高点，背廊面水，可俯瞰山池景色。木樨即桂花，山上遍植桂花，每值仲秋，桂香四溢，沁人心脾。池北假山上有一六角攒尖顶亭，名为“可亭”。“可”字很生动地点出了亭子的特征，有活泼可爱之意。可亭与池南的明瑟楼和涵碧山房互为对景，在此望明瑟楼和涵碧山房，两者组合恰似一舫，明瑟楼为前舱，涵碧山房为中舱，两者浮于水面，虽体量较大，却也觉轻盈。在中部和东部交界的北部，即可亭的东北方向是“远翠阁”，取唐朝方干诗句：“前山含远翠，罗列在窗中。”下可亭，到水池，池中有岛，名“小蓬莱”。“蓬莱”是三神山之一，岛上架以紫藤廊架，夏季时为游人洒下一片阴凉。东岸有方亭临水而建，为“濠濮亭”。“濠、濮”出自《庄子·秋水》中的水名，为观鱼垂钓之所。庄子曾和惠子于濠梁之上观鱼，庄子说：“水中鱼悠游自得，多么快乐啊。”惠子答：“你又不是鱼，怎么知道鱼快乐否？”庄子反驳：“你不是我，怎么知道我不知道鱼的快乐？”这则小故事，意味深长，观鱼如观己，鱼我融为一体，体现了庄子“人与自然融为一体”的思想，这思想也对造园产生了深远的影响。上岸前方是一座两层的单檐歇山顶建筑，名“曲溪楼”。“曲溪”即“曲水”，建筑临水，故名。楼狭长，进深仅三米左右，面阔约十余米。往北，与曲溪楼相连的为“西楼”，西楼以其位于“五峰仙

◎ 苏州留园明瑟楼和涵碧山房

馆”的西面而得名。过西楼，到清风池馆，名为馆，实为水榭形式，单檐歇山顶，向水面敞开，山池景色尽入榭中，清风拂过水面，清新凉爽，分外舒畅。

再向前走，便进入东部庭院景区。第一景便是被誉为“江南第一厅”的“五峰仙馆”，因其梁柱均为楠木，亦称“楠木殿”，与“冠云峰”“鱼化石”并称“留园三绝”。“冠云峰”位于园东北，“鱼化石”藏于五峰仙馆内。“五峰”出自李白诗句“庐山东南五老峰，青天削出金芙蓉。”馆南庭院中的湖石假山，正是取庐山五老峰之意境，其间五个山头，便是暗喻馆名。五峰仙馆面阔五间，硬山顶。室内陈设雅致，诗画云集，极具书香气息。正中立有四扇红木屏风，上刻有王羲之的《兰亭集序》，两旁纱隔嵌有彩色花鸟画。纱隔屏风将厅分为南北两部分，北厅挂有清朝苏州状元陆润庠所撰楹联：“读书取正，读易取变，读骚取幽，读庄取达，读汉文取坚，最有味卷中岁月；与菊同野，与梅同疏，与莲同洁，与兰同芳，与海棠同韵，定自称花里神仙。”上联说的是读书之乐，读《尚书》取之“正道直行”的为人的道理，读《易》取之“穷则思变”的处世的哲思，读《离骚》取之幽雅脱俗的气质情操，读《庄子》取之豁达的胸襟，读《汉文》取之坚定的意志，倾注于书卷的日子最有趣味；下联以花喻人，像菊一样随遇而安，似梅一般疏朗坚贞，与莲花同高洁，与兰花同幽香，与海棠同神韵堪称花中神仙一般。五峰仙馆西侧是一小书房，硬山卷棚顶，名“汲古得绠处”，意为取深井之水需用长绳索，比喻学问要做得深，必须下苦功夫，与“头悬梁，锥刺股”“铁杵磨成针”等故事一样，以勤学苦读自勉。五峰仙馆东侧为“石林小院”，“揖峰轩”是庭院的主体建筑，取自宋朝朱熹：“前揖庐山，一峰独秀。”揖峰轩往北，是幽静的“还我读书处”，再往东北，到达冠云峰庭院。庭院西南有单檐歇山造的“佳晴喜雨快雪之亭”，意指四时景物，不论晴雨皆佳。庭院北有冠云楼，以“冠云峰”名。庭院东有“待云庵”，为园主参禅礼佛的一方净土。庭院南部为其主体建筑“林泉耆硕之馆”。“林泉”即山林和泉石，喻幽静隐遁之所，“耆硕”指年高有德望的老人。庭院最具吸引力的景致当属“冠云峰”，其外形完全符合湖石观赏特点：“瘦、透、漏、皱”。据说此峰是宋朝花石纲的遗物。“纲”是中国从唐代起转运大批货物所行的办法，在运输大批货物时，把货物分批运行，纲就是每批车辆船只的计数编号，运茶的为茶纲，运盐的为盐纲，为满足皇帝喜好而运奇石异花的特殊运输形式称为“花石纲”。相传冠云峰是宋徽宗时期官兵在苏州民间搜刮奇石时所留下的，最后由盛旭人所购得。

再回想一下留园建筑：从大门到古木交柯山重水复，出绿荫轩豁然开朗；中部景区建筑或依山就势，或临水敞开，或开窗借景，可从不同角度欣赏中部“水木明瑟”的美景，建筑间互成对景，交相呼应；中、东部建筑，有长廊联系，东部庭院深深，奇石林立。欣赏留园建筑犹如在品读一首诗，欣赏一首音乐，心随律动，平平仄仄，令人回味无穷。留园历经四百多年风雨，几经易主，几度兴废，现今向大众开放，成为人民的留园，成为世界的留园，随着国家的繁荣昌盛，留园定能如其名“常留于天地之间”。

第六章 园林植物文化

植物使园林显得生机勃勃，情趣盎然。它作为一种有生命的要素，为园林营造出了丰富多彩的景观。人们置身园中，赏花色、闻花香、看树影婆娑、听松风阵阵，或静思或信步，在植物点缀的空间中穿行，感受植物带来的多彩景观，顿觉赏心悦目、心旷神怡。花木多有似文人雅士般的品格，或如松的坚毅顽强，或如竹的气节不俗，或如梅的凌霜傲骨……凭诗格取裁、随画意铺点的植物配置，使园景处处成诗，步步如画。人们在园中流连忘返，感叹于人工创设的“第二自然”的意趣十足。

第一节 草木欣欣处，雅士几多情
——花木性格

世上的一花一树、一草一木都有生命，它们向人们展示了不同的姿形、色彩和气味。人们信步于绿树掩映的园林中，或对着一株姿形优美的孤树静思，或就着一簇姣美动人的花团欣赏，或迎着一袭沁人心脾的花香沉醉，以此来品味植物的美。经过漫长的历史文化积淀，花木在人们心中俨然有了特定的象征意义。人们依据花木各异的形态和不同的生长习性，赋予它们似人的品格特质，并通过赞美花木表达自身的审美倾向。花木或似君子，或类雅士，或如淑女……呈现给世人一个生机勃勃的世界。

梅、兰、竹、菊被誉为“花中四君子”：梅的傲骨、兰的清雅、竹的气节、菊的多姿，历来受到世人推崇。梅展现的是迎风斗雪的铮铮傲骨。自古以来，咏诵梅的诗歌流传甚广，如王安石的《咏梅》："墙角数枝梅，凌寒独自开。遥知不是雪，为有暗香来"，将梅凌霜傲雪的特性展现得淋漓尽致。兰则风姿素雅，幽香清远。爱国诗人屈原一生极爱兰花，在著名的《离骚》中，有多处咏诵兰花品格的佳句。清代文人郑板桥对兰也是赞赏有加，他在《画兰》一诗中所写的"身在千山顶上头，突岩深缝妙香稠。非无脚下浮云闹，来不相知去不留"，生动地向世人展示了兰的高尚情操。竹气节不俗，岁寒不凋。古人常说："玉可碎而不改其白，竹可焚而不毁其节。"足可见竹的不凡气节。菊是不畏风霜、活泼多姿的勇士，它开放在深秋时节，呈现出千姿百态的花形，为萧瑟的寒秋增添一抹亮色。菊冒着风霜毅然绽放的勇气，是菊品格中的闪光点。它在瑟瑟秋风中摇曳，绽放得多姿多彩。雅士陶渊明就极为爱菊，他所处的时代，使其无法施展报国之志，无奈之下选择归隐。在陶渊明看来，菊的品格与自己十分相似。每当菊竞相绽放之时，陶渊明便会以自酿的美酒，邀约挚友，共同赏菊饮酒。"采菊东篱下，悠然见南山"，是他对归隐园田的欣赏，也是对自身人格的见证。

在花木世界中，也有"花中十二客"的提法。这"花中十二客"展现了花木世界的精彩纷呈。牡丹是"赏客"，雍容华贵；梅花是"清客"，清丽脱俗；菊花是"寿客"，寓意长寿；瑞香是"佳客"，姿韵俱佳；丁香是"素客"，朴素纯洁；兰花是"幽客"，幽香清远；莲花是"青客"，香远益清；茶花是"雅客"，优美雅致；桂花是"仙客"，香飘四溢；蔷薇是"野客"，野趣盎然；茉莉是"远客"，淡雅韵远；芍药是"近客"，妩媚多姿。

"赏客"牡丹，雍容华贵，国色天香。在我国历史上，牡丹最初被作为药用植物栽种,到唐初才被培育成观赏花卉。民间流传着“武则天上苑催花,牡丹花名甲天下”的故事:在冰雪交加的一天,武则天到宫中的后苑游玩,只见天寒地冻、百花凋谢、万物萧条,没有一点生机。她想:以我堂堂皇帝之威,令百花一夜之间齐放,岂是难事。于是,她面对百花下诏令道:“明朝游上苑,火速报春知,花须连夜发,莫待晓风催。”武则天的诏令一出,众花仙惊慌失措,聚集一堂商量对策。她们都目睹过武则天“顺我者昌,逆我者亡”的种种行为,不敢违抗命令。第二天,一场大雪纷纷扬扬从天而降,尽管狂风呼啸,滴水成冰,但众花仙还是不敢违命,绽开出了五颜六色的花朵。武则天目睹此情此景,高兴极了。突然,有一片荒凉的花圃映入了武则天的眼帘,她的脸一下子沉了下来“这是什么花?怎敢违背圣旨?”大家一看,竟是牡丹。武则天听闻大怒,立刻下旨将牡丹逐出京城,贬去洛阳。谁知这些牡丹到了洛阳,随便埋入土中,就长出绿叶,开出娇艳无比的花朵。武则天闻讯,气急败坏,派人即刻赶赴洛阳,要将牡丹花全部烧死。无情的大火映红了天空,人们却惊奇地发现,那盛开的花朵更加夺目。从此以后,牡丹就在洛阳生根开花,名甲天下。这个故事虽有几分神话色彩,但让世人了解到了牡丹在雍容华贵、端妍富丽的外观下,还有一股凛然正气。牡丹“百花之王”的美誉也就当之无愧了。

◎ 雍容华贵的牡丹

兴庆宫,是唐玄宗时期的一个大内御苑,是玄宗李隆基为皇太子时的府邸所在。宫苑林区内,林木蓊郁、楼阁错落、景色绮丽。兴庆池旁堆筑有土山，上建“沉香亭”，周围的土山上遍种红、紫、淡红、纯白诸色牡丹花，是兴庆宫内的牡丹观赏区。兴庆宫以牡丹花之盛而名满京华。玄宗的宠妃杨玉环特别喜欢牡丹，因此兴庆宫也是玄宗与杨贵妃观赏牡丹的地方。在唐代，牡丹是十分名贵的花卉，涌现了大量赞美牡丹的诗歌。李白那首被传诵千古的《清平调》正是奉玄宗之命为牡丹所赋。“云想衣裳花想容，春风拂槛露华浓；若非群玉山头见，会向瑶台月下逢。”李白用牡丹花来烘托杨贵妃的美艳，足见牡丹的雍容华贵。再如刘禹锡的“唯有牡丹真国色，花开时节动京城”，一样脍炙人口。

◎ 出淤泥而不染的莲花

至于“青客”莲花，文人墨客赏识的是它“出淤泥而不染，濯清涟而不妖”的君子之风。苏州拙政园的荷风四面亭上的对联“四壁荷花三面柳，半潭秋水一房山”，将亭中可观四季之景描写得十分生动。人们从对联中可以品出文人对荷花君子之风的赏识。莲花还与佛教有着不解之缘。据说后来成为佛祖的悉达多太子，一出世立刻下地走了七步，步步生莲，所以莲花就成了他诞生的象征。从公元一世纪左右开始，佛祖的塑像便常以在莲台上坐像的形式呈现。佛经中介绍的其余净土佛国的圣贤，也几乎是以莲花为座，代表他们清静的法身与庄严的报身。自从唐代将佛教立为国教之后，莲花就备受人们的推崇。在唐代的寺庙内常植莲花。当时长安的慈恩寺就以莲花最负盛名。文人们到慈恩寺赏莲，成为一时风尚。诗人韦应物就在此留下一首流传甚广的咏荷诗《慈恩寺南池秋荷咏》："对殿含凉气，裁规覆清沼。衰红受露多，余馥依人少。萧萧远尘迹，飒飒凌秋晓。节谢客来稀，回塘方独绕。"

金秋时节，"仙客"桂花芬芳馥郁，给人带来甜而不腻的嗅觉体验。金秋花香，莫能如桂。桂花香飘四溢，作为"仙客"，它的相关传说多有几分浪漫绮丽的神话色彩。传说，月亮上有一株桂树，高达一千六百五十米。汉朝时有个叫吴刚的小伙子，学仙时犯了道规，被贬到月中去砍伐这棵桂树。但这棵桂树甚为神奇，被砍到的部分总是会自己愈合，所以不论他怎样砍，总是无法将它砍断。就这样过了千万年，吴刚每天伐树，桂树却依然如旧。只有到了中秋时节桂花盛开、馨香四溢时，吴刚才能在树下稍事休息，与人间共度佳节。毛泽东在《蝶恋花》一词中也提到了这个美丽的神话故事，"问讯吴刚何所有，吴刚捧出桂花酒"。相传，早在南北朝时期，皇帝陈后主曾为爱妃张丽华在殿后营造桂宫：将洞门设计成满月的形状，庭院围墙粉刷成白色。庭院之中空空荡荡，并未摆设其他物件，只栽有一棵桂树，树下养了一只白兔。这番精心设计使他的爱妃置身庭院之中，犹如身处月宫。

除了"花中四君子"与"花中十二客"，其他的一些花木也具有突出的品格特征。比如杨柳有着柔中带刚的性格特征。杨柳多植于水边，袅袅婷婷的垂柳与水平如镜的湖面相依相伴，显得分外温柔妩媚。尽管杨柳温柔多情，却能够以柔克刚。

◎ "仙客"桂花

面对强风吹袭，柳枝会柔顺地弯曲而不是抵抗暴风的强烈冲击，以此获得幸存。地处西湖东南隅湖岸的柳浪闻莺，南宋时为帝王的御花园，称聚景园。此地碧浪摇空、莺啼不尽、空气清新，是欣赏西湖美景的佳处。从传统文化的角度看，杨柳的"柳"字与"留"字谐音，提到柳，人们的心目中油然滋生挽留客人、依依不舍之情的意境。故早在汉代便有折柳送别暗寓殷勤挽留的习俗。

芭蕉在文人看来是稳重而沉穆的。江南园林厅堂斋馆窗外，往往植芭蕉、置奇石以构成李渔所说的"尺幅窗"。"窗虚蕉影玲珑"，饶有画意。窗外的芭蕉除了遮阴、添绿，还可供听雨。风起时，芭蕉叶翩然起舞。耦园一副园林楹联几乎把这种意境推到极致——"卧石听涛，满杉松色；开门看雨，一片蕉声。"拙政园听雨轩前，几株芭蕉是借听雨声最好的琴键。雨打芭蕉的场景，自然勾起人们些许遐思；一句"红了樱桃，绿了芭蕉"，又给人多少时光荏苒的感叹。在多年的文化积淀下、多元的文化影响中，生长在人们周边的花木已被深入感知。人们如友人般知晓它们的特征与品格，每每在特定的情形中就会想起它们。草木欣欣处，雅士最多情。

◎ 雨打芭蕉

第二节 有风传雅韵，无雪试幽姿
——“松”和园林

子曰：“岁寒，然后知松柏之后凋也。”这句话的意思是：到了一年中最寒冷的季节，方知松树和柏树是最后才凋谢的，它道出了真正高尚的品格要经过一系列严酷的考验才能被识别出的道理。松，高直挺拔、苍翠遒劲、生命力顽强，给人以阳刚坚毅之感。经过多年的文化积淀，松已然成了高贵、坚贞、长生的代名词。它作为“岁寒三友”——松、竹、梅中的一员，在园林中被广泛应用。人们对松有着发自内心的赞许与尊重。松一般生长在较为恶劣的自然环境中：或悬崖之上，或石壁之中。这使得世人更钦佩它奋勇顽强与坚持抗争的精神。松的姿态古朴奇特：松叶碧翠沉静；松枝似若盘龙，每一弯曲都是力的凝聚；松根犹如巨爪，紧抱山石，深扎于石缝之中。人们在细品松的姿形神韵时，深刻解读了松坚毅的品格。解读松的雅韵，还可依靠风的助力。在中国古典园林中有一类以声来体现的景致，称为声景。声景通常由听觉来感知：如潺潺的小溪流水之声，哗哗的瀑布倾泻之声。松风是植物与自然环境结合的产物，在园林中应用，可以衬托出庭院的不俗与雅致。风与松相结合，体现的是一种阳刚之美。风，本无定形，因松而体现出一份雄健之感；松在风的吹动下，更显苍劲挺拔的姿态与坚毅顽强

◎ 陆俨少《层崖危松图》

的品格。风与松是自然界中声与形完美结合的体现。松风中包含着一种和谐律动的美感。因此,听松自古以来便受文人喜爱,他们认为,唯有雅士才懂得欣赏松风的雅情。

文人爱松,除了赏姿形、品意趣、听松风,还将松作为一种独立的题材表现在中国山水画创作之中。古人作丹青常以松石点缀山水。在唐代出现了许多著名的松石山水画家,他们用不同的笔法表达松顶天立地、巍然挺拔、迎风冒雪的特征。在他们的笔下,松树干苍劲、针叶坚韧如铁。这些画家塑造了松树屹立雄健、刚直凝练、气雄力坚的形象。直到近代,黄宾虹、潘天寿、陆俨少等著名画家,依旧对松十分偏爱。他们创作了大量以松为题材的作品,传承发展文人墨客爱松的文化,使文人对松的喜爱之情代代相传。

因为松独具坚毅顽强的品性,所以园林自产生以来——不论皇家园林,私家园林,还是寺观园林——均以松作为一种寄情寓意的主要对象。松作为经常被用于园林造景中的树种,在不同的园林中展现出不同的意蕴与风采。

在皇家园林中，松的栽种历史久远。史书中记载，西周时期魏国的梁囿中松树遍植，仙鹤成群。可见早在西周时，古人就有了在园林中栽种松树的习俗。在当时的诸侯看来，松鹤满园是一幅很有意境的美图。再如隋朝时隋炀帝兴建西苑，苑前御道两侧所植均为松树。

清代所建的离宫御苑避暑山庄建于松海中，它用松树作为骨干树种，以达到全园和谐统一的效果。避暑山庄是清代皇帝夏天避暑和处理政务的场所，位于承德市中心区以北、武烈河西岸一带狭长的谷地之上。避暑山庄以朴素淡雅的山村野趣为格调，取自然山水为本色，吸收了江南、塞北风光。它在康熙时已基本建成，到乾隆时期，已经是皇家诸园中规模最大的一座了。山庄总体布局是“前宫后苑”的规制。“前宫后苑”是说，山庄的前部分为宫廷区，后部分为苑林区。避暑山庄的宫廷区包括三组平行的院落建筑群，分别是正宫、松鹤斋和东宫。避暑山庄“万壑松风”一组建筑内外种有数以百计的松树。康熙和乾隆都曾对“万壑松风”中的松御笔题诗。诗从形、影、声、色四方面凸显出松独有的特点。随着避暑山庄的建造和扩充，山庄以松命名的建筑屡见不鲜：“松鹤斋”“松鹤间楼”“松霞室”“松云楼”“松岩”“罗月松风”等等。它们以松为斋、由松建楼、因松构室，体现出山庄园林与松之间的相得益彰，展现了自然美与意境美。“松声风入静”体现了山庄的风韵雅致。人们听松针在劲风急吹下的飒飒作响之声，感

◎ 承德避暑山庄一隅

受到“松声万壑雷”的磅礴气势。松虬枝盘旋的姿态,凸显了园林景观变化多端的天际线。高耸林立的青松,又使得山庄显得深沉幽远。在山庄建造之前,这里就有大量的古松和成片的松林。康熙所写的《芝径云堤》诗中有“又不见,万壑松,堰盖重林造化同”的诗句,描写的正是千姿百态的大量松树覆盖山岭的景象。山庄内西、北山区有三条深峪:松云峡、西峪、梨松峪。在松云峡、西峪的两条峪壑中,御路蜿蜒曲折、深远幽静。古松列植御路两侧,沿御路纵向延伸。在避暑山庄的湖区、山间、建筑旁,松或群集、或分散、或独立,构成一个苍古浓碧的绿色统一体。这个统一体富有层次感,呈现出苍古、深野、浩壮合一的气韵。

不同于皇家园林中松群植成林的布置形式,私家园林由于园子面积有限,园主们更多追求的不是磅礴的气势,而是清新雅致的风格。园中的植物,特别是像松这样的高大乔木,一般采用孤植的形式种植。园主多对象征风雅的植物一向情有独钟。苏州的狮子林,北部原有古松五棵,故狮子林原又名“五松园”。松风传雅韵,故而听松风在私家园林中被文人视为风雅之举,得到推崇。文人造园时喜欢在园中栽植松树,以沐风雅。苏州网师园内水池北岸的“看松读画轩”与南岸的“濯缨水阁”遥相呼应构成对景。之所以取名“看松读画轩”,是因为:轩前庭院内,叠筑太湖石树坛,树坛内栽植姿态苍古、枝干遒劲的罗汉松、白皮松、圆柏三株。这样的植物栽植,增加了园内水池北岸的层次和景深。“看松读画轩”是园中冬季临窗望景的佳处。人们自轩内南望,便可见一幅以古树为主景的天然图画。

在众多文人中,南北朝时期人称“山中宰相”的陶弘景,对松有着很深的感情。他自幼聪明异常,十岁时读了葛洪写的《神仙传》,便立志养生;十五岁就写成了《寻山志》;二十岁时被引为诸王侍读。在陶弘景三十六岁时,梁代齐而立,他隐居在茅山华阳洞中。梁武帝早年便与陶弘景认识,称帝之后,想让陶弘景出山为官,辅佐朝政。陶弘景画了一张画,画中有两头牛:一头自在地吃着草;一头带着金笼头,被拿着鞭子的人牵着鼻子。梁武帝一见,便知其意。虽然陶弘景不为官,但梁武帝与他书信往来不断,常将朝廷中的大事与陶弘景商讨。陶弘景因此有了“山中宰相”的称号。陶弘景对松的偏爱,在《南史·陶弘景传》中有记载:“特爱松风,庭院皆植松,每闻其响,欣然为乐。”拙政园中有一以松为主的景点——松风亭。亭中悬有匾额,上书“听松风处”。周围依据“山中宰相”爱松的典故配植松树。松树高洁,蒙霜雪而不变,植松是对这种高尚品格的追求。

松有着苍老盘曲的枝干、长逾千年的树龄、不易腐烂的质地,是坚毅、忠贞、淡泊、隐逸、长寿和不朽的象征,与文人士大夫的生活情趣、审美心理相吻合。因此,在私家园林中随处可觅松的踪影。

在寺观园林中,松也是一种重要的造园材料。一般说来,在主要殿堂的庭院中,多栽植松柏等姿态挺拔、虬枝枯干、叶茂荫浓的树种,来烘托宗教的肃穆气氛。寺观周围通常是深山老林的大环境。只要一到山寺,人们就会听到安静、善意、暮鼓晨钟的梵音。寺观环境处处给人以寂静、忘尘的感受。山高,更接近天仙神灵;林深,愈远离城市喧嚣。山越高、路越险、林越深,朝圣者一步一拜、三步一跪,就越能体现诚心。在寺观建筑前,一般会有一段香道,也称神道或雨道。它既使善男信女先入为主,开启了对他们心灵的引导;又可成为一般老百姓观赏游览,引人入胜的向导。

香道可以成为观赏寺观园林植物景观的重要景点。古代杭州灵隐寺的香道称“九里云松”。九里云松成景始于唐代。唐玄宗开元十三年，袁仁敬任杭州刺史，在任期间，他十分喜爱去灵隐天竺一带游览，于是就命人在灵隐道两旁植上松树。久而久之，此地松霭连云，成为西湖群山中的独特景观，被称为“九里云松”。

在寺观园林中，千年不死、永远常绿的松，营造的环境给人一种永恒、长生不老的理念。人们修身养性，仅有客观的宁静环境是不够的，还需要主观上对心灵的洗涤。松在佛教文化中被用以洗心、养心，它能使人忘却烦恼，更能给人启迪。因而，松在寺观园林中十分受欢迎。

松，有风传雅韵，在园林中深得造园者的喜爱。历史积淀之下，松在园林中早已尽展幽姿。在不同类型的园林中人们从不同角度对松加以欣赏：或赏其郁郁葱葱，或品其坚毅崇高，抑或感叹它的永恒不朽。松的品格在园林中得到了淋漓尽致地发挥。岁寒三友之中，唯松最显坚毅。

第三节 无人赏高节，徒自抱贞心——“竹”和园林

“竹生荒野外，捎云耸百寻。无人赏高节，徒自抱贞心。耻染湘妃泪，羞入上宫琴。谁人制长笛，当为吐龙吟。”竹内在中空、竹节分明，有着不凡的气节与谦虚的品性。竹崇高的气

节与谦虚之心历来受到文人墨客的推崇，可入宅、入园、入画、入诗，显得温文雅致。

古人对竹有一种自然崇拜。在中国传统文化中，竹贯穿着人作为生命个体几乎全部的人生课题，并因此而带上丰富的神话色彩。相传，垂是黄帝时的一名能工巧匠，他最早做出用以防御外敌的箭矢，材料便是竹。在《诗经》《庄子》等这些先秦的文学作品中，已经存在着关于竹这种植物的记载，已有高雅的情致。在古人与自然抗争以求生存的历史过程中，竹凭借自身坚硬耐久的质地和四季不凋、葱茏蓬勃的生命力，发挥过许多作用。竹在古人心中占据着特殊的地位。比如有古人将竹神化成龙的形象。韩愈曾经写过一篇《祭竹林神文》，其中提到了古人祭竹求雨的久远习俗。当时的人们将竹与龙等同起来看，为竹增添了一抹神秘的色彩。

因为人们赋予的神秘感，竹被道教和佛教文化加以借用。宋人郭彖在《睽车志》中描述了这样一个故事：在宋朝绍兴年间，有一位富商航行海上，受到风浪影响而久久不能前进。他抵达了附近的一座山，山上有一座巨大的佛寺。富商于是进入佛寺，施斋祈福以求能继续航行。祈福结束，他见到窗外有竹密密麻麻地排列着，就在其中选了一竿，带着这竿竹顺利地返回。回到岸上，一位老翁想用高价买这竿竹。富商欣然同意，将其卖给了老翁。但事后他才知道，在海上看到的竿竿竹子都是来自普陀落伽山观音座后的紫竹。富商又吃惊又后悔地回到船上，此时船上只剩下了一些竹叶。即便如此，用这些叶子煎汤给久病未愈的人喝，也能使他们立即痊愈。这个故事来自佛经，竹，作为佛家故事中经常出现的一种植物，更多了几许禅意。

文人谈及竹，首先想到的不是它的神秘感或禅意，而是它不俗的气节。历代文人都对竹的“本固”、“性直”、“心空”和“节贞”赞赏有加。晋代的“竹林七贤”——阮籍、嵇康、刘伶、向秀、阮咸、山涛、王戎，是当时著名的文人，他们寄情山水，追求隐逸。七人经常在洛阳附近的郊野竹林中悠游聚会、谈玄论文。“竹林七贤”选择竹林作为聚会场所是出于对竹的喜爱。一方面，竹高风亮节；另一方面，竹兼有儒家和道家达观自然的价值观与处世之道。在文人雅士看来，身处竹林中谈及隐逸志向，是一件相得益彰的乐事。

历史发展至唐代，整个时代的发展使得山水文学开始兴旺发达。文人经常会写作山水诗文。在这个时代，文人普遍对山水风景的鉴赏具备了一定的水平。许多文人用心营建园林，把自己对人生哲理的体悟、宦海浮沉的感怀都融注于造园艺术之中。唐代的白居易、柳宗元、韩愈等人，就是其中的佼佼者，也是影响后世的文人官僚。他们虽然身陷政治斗争而心力交瘁，却在园林这一方自己营造的天地中获得一份精神的寄托与慰藉。故而，他们对自己经营园林中的一石一木，都十分珍爱。白居易就是其中典型的一位。

白居易非常喜爱园林，在他的诗文集中，有相当多的篇章是描写、记述或评论山水园林的。他曾先后主持营建四处私园：洛阳履道坊宅园、庐山草堂、长安新昌坊宅园以及渭水之滨的别墅园。在众多的园林植物中，白居易对竹情有独钟。他的诗歌中出现的“竹”字不少于三百处。白居易为官四十年，在官宦生涯中起起伏伏，居住过的地方有长安、周至、渭村、江州、忠州、杭州、苏州和洛阳等地。但是无论住在哪里，在其居所内都必有竹。贞元十九年春，白居易以出色的成绩及第，被授予校书郎一职，开始在长安寻找居住之所，最终决定在常乐坊的东亭居住。第二天，他走至亭东南角，见到有丛竹于此。竹子由于无人打理而显得杂乱无章。白居易用了整整一天的时间,将竹子周围的环境加以修缮,之后就有了“日出有清阴,风来有清声,依依然,欣欣然,若有情于感遇”的效果。此后他在任校书郎期间,都过着“窗前有竹玩,门外有酒沽。何以待君子,数竿对一壶”的惬意生活。白居易晚年定居洛阳,购得履道坊宅园,他在《泛春池》一诗中写道:“何如此庭内,水竹交左右。霜竹白千竿,烟波六七亩。”此诗描述的正是履道坊宅园的景致。这个宅园因“霜竹百千竿”而闻名。宅园地处洛阳,因此竹的生长受到气候的限制。尽管如此,白居易能够幸运得坐拥修竹百竿,故终日悠游其中,乐此不疲。从长安到洛阳的四十年,他没有离开过“竹”,这四十年的酸甜苦辣有“竹”见证。“竹”抚慰了白居易那颗因兼济不成而伤感失落的心。居住的庭院哪怕再小,他也要用竹来装点,以竹伴随自己的生活。白居易爱“竹解心虚”的情致,相信“水能性淡为吾友,竹解心虚即我师”。对他而言,竹不仅可以愉悦身心,也教会了他如何保持一颗空灵之心。在白居易眼中,竹是品行高洁的“贤士”。中唐时期,皇帝懦弱无能,政局混乱,人心难测,处处都隐藏着危险。在四十年的官宦生涯中,白居易目睹了太多的丑恶,感到官场的险恶。他意识到要想在这样的环境中保持清洁、保持个性是多么的不容易。但他并没有放弃做人的原则而随波逐流。白居易站得稳、坐得直、行得正,终身以竹为伴,以竹律己,时刻提醒着自己不能被社会的污泥淹没,不能被政治的漩涡吞噬。他借竹以养性。园林中竹的点缀,能体现白居易谦逊的气质与崇高的气节,并时时警醒着他要如竹般做人。

也许,文人的品位总是几近相似。历朝历代的文人,大都偏爱竹而将其栽植于自家庭院中。苏东坡那首著名的咏竹诗写到“宁可食无肉，不可居无竹，无肉令人瘦，无竹令人俗”。看来，竹早已成为文人的名片。好似只有园中存修竹几竿，清逸淡雅，才能恰到好处地证明他是个真正的文人。郑板桥偏爱画竹。他通过画笔，将对竹的赞美之情在宣纸之上尽数表达。

在江南，有多处以竹为主题或用竹进行修饰装点的私家园林。地处扬州的个园就是一个能够体现“竹”文化的园子。个园建于清嘉庆年间，园主是扬州两淮盐业商总黄至筠。黄至筠富而慕雅，建造该园，又自谦园小，所以取“竹”字的一半，题名“个园”。庭园中栽种各色竹子，将园主的情趣和心智蕴含其中。此外，它的园名也因为竹子顶部的每三片竹叶都可以形成“个”字，在白墙上的影子也是“个”字，而更添几分意趣。

◎ 扬州个园竹石小景

步行于个园中，犹如置身于一片竹海。个园园门两侧竹子枝叶扶疏，月映竹成千“个”字，与门额相呼应；石笋石穿插其间，如一根根茁壮的春笋。用一真一假的处理手法，象征着春日竹林的景色。主人以春景作游园开篇，想是有“一年之计在于春”的含意。透过春景后的园门和两旁一排典雅的漏窗，可见园内景色，引人入胜。进入园门向西拐，人们看到的是一大片竹林。竹林茂密、幽深，展现出的是一片盎然的春意。

苏州的沧浪亭内多修竹，万竿摇空，给人幽静怡心之感。竹影映在粉墙上,成为一幅很好的天然图画。人们可以静静地对着这幅天然图画端详,可以幽雅地漫步竹间小道,可以坐于竹林中细细思考,可以用纸笔捕捉竹的神韵,也可以颇有兴致地吟诗作赋……好多雅趣,在竹丛中悄然萌生,别有一番怡情之感。沧浪亭"翠玲珑"周围有近二十种竹子,如矮秆阔叶的箬竹、碧叶披秀的若竹、疏节长杆的慈孝竹、竹节环生毛茸的毛环竹、身染美丽黑斑的湘妃竹、清脆水灵的水竹等等。夏秋,绿荫蔽日,荫翳可人;冬春,绿意漫天,生机盎然。"仰止亭"布置在"翠玲珑"北侧,亭内石刻描画了与苏州有关的名宦士人晚年在沧浪亭的生活片段。《诗经》云:"高山仰止,景行行止","仰止亭"取其意,表示对这些苏州名贤的高尚品德仰慕崇敬,并借"翠玲珑"一片竹子,赞誉这些名贤的品格,仰止亭内对联可以为证:"未知晚年在何处,不可一日无此君"。文人或为官或游历,漂萍无踪,行止不定,但竹子的品格却不可须臾或缺。可见,竹子于文人有多么重要。可人的景致和深邃的含义,使"翠玲珑""仰止亭"一带成为文人雅游、觞咏作画之地,以示清高。历史上,诸多文人在沧浪亭留下名篇。从宋代苏子美、欧阳修、梅圣俞,直到近代名画家吴昌硕,流传后世的名篇成帙,美不胜收。其中,尤以沧浪亭最早主人苏子美的绝句最能写出沧浪亭中的雅趣:"夜雨连明春水生,娇云欲暖弄微晴;帘虚日薄花竹静,时有乳鸠相对鸣。"

杭州西湖边的云栖竹径也是一处以竹为主景的佳处。它位于五云山西面山麓,这里山高坞深、竹茂林密,清晨黄昏,坞中常常雾气氤氲、彩云相逐。这里远离繁华喧嚣,一条幽径,西起三聚亭,蜿蜒伸入山林深处。云栖竹径有大片竹林作为景观,最佳的游赏季节是炎炎夏日。行走在幽幽古道上,犹如

◎ 杭州西湖云栖竹径

潜泳在竹海碧涛中——绿荫连着绿荫，山风追着山风，清凉裹着清凉。一片竹海可以荡涤俗世红尘的非议，接纳不被赏识的品格，安抚无法宁静的心灵。

竹，未出土时即有节，及凌云处亦虚心，是高风亮节的象征。它挺立于天地间，挥洒着真性情。即便无人赏其高节，依旧徒自换取真心。

第四节 香中别有韵，清极不知寒——“梅”和园林

“雪虐风饕愈凛然，花中气节最高坚。过时自会飘零去，岂向东君更乞怜。”梅有着凌寒独自开的傲气和不畏强暴、凛然不屈的风骨。在冰天雪地中，梅独俏寒枝，开出美丽的花朵，并散发出阵阵暗香。梅文化在栽梅赏梅的长久历史中，早已深入人心。人们感叹于梅那冰肌玉骨的真本色，更赞赏它凌雪斗霜的真性情。

梅有着疏影横斜的曼妙身姿，有着悠远深邃的文化内涵。历代文人纷纷吟诗作对，勤舞丹青，表达对梅花的嘉许与颂扬。

傲骨之梅曾经触动过多少文人雅士的心灵。长久以来,他们留下了许多与梅有关的故事:踏雪寻梅、罗浮梦梅、燃烛赏梅、傍梅读易……这些典故彰显了梅独有的魅力和它所蕴含的极高的审美价值。

◎ 迎霜傲雪的梅花

据记载,在两千多年前西汉上林苑的庭园中,人们就已开始植梅。南北朝时,赏梅和咏梅的社会之风盛行。到了隋、唐至五代,已经有了"独步早春,自全其天"等一些赞扬之句以表达对梅花的喜爱之情。"踏雪寻梅"的典故也产生于唐代。这一典故与山水诗人孟浩然有关。孟浩然一生爱梅。相传,孟浩然曾在一个冬日里,冒着风雪,骑着驴子,过灞桥去寻找凌寒而放的梅。孟曰:"吾诗思在灞桥风雪中驴背上。"后人用"踏雪寻梅"的典故,来形容雅士赏爱风景并苦心作诗的情致。文人踏雪寻梅,在朔风中执着寻找的,或许更多的是梅的傲骨,以此来表达对梅的珍爱之情。北宋隐逸诗人林逋隐居杭州孤山,他以梅为妻以鹤为子的故事,被后人传作一段佳话。历史发展到元代,雅士对梅的喜爱之情依旧。画家王冕是其中突出的一位。他对梅偏爱有加,号"梅花屋主",隐居于九里山时曾植梅千株,并自题居室为"梅花屋"。王冕擅长画梅,特别是画墨梅,他笔下的梅,简练洒脱而别具一格。一首绝句《墨梅》流传甚广:"吾家洗砚池头树,朵朵花开淡墨痕。不要人夸好颜色,只留清气满乾坤。"这首诗中,看似赞誉梅的品格,在乾坤之中留下满满清气,实际上是作者以梅花精神在暗喻自己的气节。他为人放荡不羁，一生都不曾为官，在品格上有着和墨梅一样的“清气满乾坤”的追求。

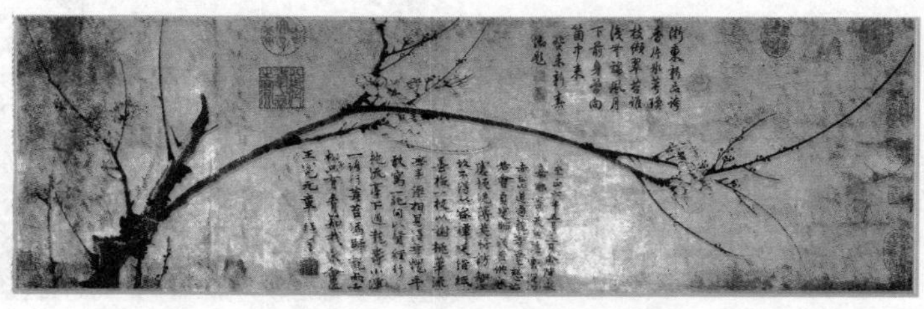

◎（元）王冕《墨梅图》

“疏影横斜水清浅，暗香浮动月黄昏。”林逋在《山园小梅》中的这两句诗成为咏梅的绝唱，被后世广为传诵。“疏影”描述的是梅姿态轻盈，有翩若惊鸿之感。“横斜”一词传神地表达了梅姿的妩媚和迎风而歌之势。“水清浅”彰显出了梅温润灵动的气质。“暗香浮动月黄昏”一句描摹出的是梅的神韵。“暗香”写出了梅香无形，随风而至，仿佛和人们捉迷藏一般。“浮动”一词描绘了梅香飘然而逝，给人一种仙风道骨之感，“月黄昏”为这两句诗设定了一个美妙的背景，烘托出迷人的意境。短短两句诗，将梅的优雅姿形、浮动暗香配合着绝美的空间与时间，完美地展现在人们面前。字字透露出诗人林逋对梅的钟爱。这两句诗也是描述水边栽梅的佳句，表达了梅景与水体环境营造而成的简远、疏朗、雅致的园林意境。那是一幅水边植梅、枝条伸向水面、拂水而动的画面。清澈的水面倒映着姿形优美的梅，别具雅致意韵。

苏州狮子林的“暗香疏影楼”正是取意林逋的这两句诗。梅花是这一景点的主栽树，在这里，梅树不是以量取胜，贵稀而不贵繁，重视自身的格调与气韵。在“暗香疏影楼”前依稀种有数株梅，显得疏朗而简洁，浅水一泓映衬之下，体现出浓浓的诗意。在“暗香疏影楼”，推窗可见“问梅阁”处数枝梅花斜斜地指向池岸。“问梅阁”取意王维《杂诗》：“君自故乡来，应知故乡事。来日绮窗前，寒梅著花未？”阁中，桌椅、地花等都用梅花形，窗纹为冰梅纹，八联隔扇的书画内容也均为梅。“问梅阁”采用了绕屋栽梅的栽植方式，借梅咏怀，表达了园主深切的思乡之情。狮子林中另一处建筑——“扇亭”，内有“文天祥诗碑”，上刻文天祥狂草《梅花诗》：“静虚群动息，身雅一心清；春色凭谁记，梅花插座瓶。”表达文天祥养梅咏怀，洁高自守的节操。园主借文天祥之笔，道出自己借梅喻志的心迹。

去杭州孤山访梅，感受到的是山岛深处的清幽。孤山属湖中孤耸岩山，重湖之间，碧波环绕。山的南坡和西坡稍平缓，其余则冈峦起伏，地形地势变化较大，松、柏、竹等浓荫蔽日。“孤山雪梅”以梅妻鹤子为文化内涵。孤山访梅，访的是梅花傲霜斗雪的品格，忆的是林逋对梅的钟爱之情。

杭州花港观鱼公园牡丹亭的东南面山坡上，有一处面积不大的平台，平台旁原植有一株古梅。在平台上，匠人用巧手将黑、白两色的鹅卵石，拼出了一幅富有意趣的图画。此处用白色鹅卵石代表月光下的水面，用黑色鹅卵石象征梅在水面之上的倒影。用别样的手法，凸显出“疏影横斜水清浅，暗香浮动月黄昏”的意境美，显得意蕴深厚。

◎ 杭州花港观鱼梅影坡

文人除了懂得品梅单株的疏影横斜，亦爱赏梅大片成林的盛花美景。成片成林的梅，在冬末春初，凌寒而放，尽展姿色，浮动暗香。一眼望去，一派香雪海的盛景。苏州拙政园中的“雪香云蔚亭”，位于园子湖中“土包石”的山峦上。它是一座长方形的小亭，亭周围植有成片梅林，以小径通往亭中。“雪香云蔚亭”建在湖中岛上，于梅林之中，位置极佳。《拙政园志稿》中解释了“雪香云蔚亭”名字的由来：雪香是受唐代韩偓《白菊》诗“正怜香雪飞千片，忽讶残霞覆一丛”，宋代苏轼《月夜与客饮杏花下》诗“花间置酒清香发，争挽长条落香雪”等诗意启发而来。“香雪”是对梅色洁白和梅香清幽的描绘，宋代卢梅坡《雪梅》诗中便把梅与雪互比，“梅须逊雪三分白，雪却输梅一段香”，“香雪”二字正是对梅绝妙的形容。“云蔚”则直接引自北魏郦道元《水经注》：“交柯云蔚”。《世说新语》中，顾恺之描绘会稽山川美景也有“云兴霞蔚”句，“雪香云蔚”是对梅所形成的大面积盛开的盛景的概括。此处梅景的营造，更注重规模和数量，使梅成“雪”成“海”，蔚然成林。

还有一处著名的赏梅景点——杭州灵峰探梅。灵峰探梅位于西湖的西部山峦中。后晋开运年间，该处建有一座取名为灵峰寺的寺庙。古时有翠薇阁、眠云堂、妙高台、洗钵池等。明万历初年，灵峰寺败落。寺中僧人纷纷投奔了其他庙宇，仅留下了几间殿宇。在清嘉庆年间，重新修建灵峰寺，四周栽植梅一百多株。后又补植梅三百株，在这里形成了一处观梅胜地，取名“灵峰探梅”。灵峰之梅，僻处山谷，远离市区。幽谷空山之中，群山环抱，绿荫遮日，古木参天，清流激湍，更显出梅的高洁。千树争妍，百枝凝雪；远远望去，山上丛丛，山下片片。路旁谷边，高低远近，千竖万横；远处连成一片，似霞似锦；梅林以外，松竹环绕，深静幽彻，另有叮叮咚咚的山泉相配，空灵清雅。这一片处在幽谷中的赏梅胜地，草地如茵，梅林似海，楼阁参差，暗香浮动。人们于灵峰探梅，为梅的高洁优雅而折服。

雅士欣赏园林中的梅，通常将梅与雪、与月、与石等相配合。雪是纯洁的化身，是严寒的使者。它为梅铺开宣纸般的银白世界，为梅创设下施展姿形的环境。在冰天雪地中，梅与雪和谐地交融，构成一幅浑然天成的图画。月，予人恬淡与宁静的幽美。月能衬托出梅的清新明艳。两者结合，成诗成画，美不胜收。在园林中梅与石的配置，使景观更为生动而富有意趣。梅的质感细致而石的质感粗糙。两者相伴，相得益彰，增添了景观的意境美。梅石小景，还能与其他园林小景，如各种水景、粉墙前方和房屋角隅等相配合，以达到更美的艺术效果。园中有梅，便有了雅致的意蕴与高雅的格调，处处晕染着梅情；园中有梅，便有了雅士的逸趣与浓郁的文化氛围。

赏梅历史愈千年，文人借梅寓意，雅士托梅抒情。梅的疏秀、梅的幽雅、梅的傲骨，早已成为了园林之中固定的审美意趣。或赏其单枝疏影横斜，或望其成片如林似海。暗香之中别有韵，傲骨迎霜不知寒，这正是梅所独有的花木品格。

第五节 取裁凭诗格，铺点随画意
——植物配置

“*石本顽，有树则灵。*”树木可使顽石有灵气，使画面有气韵。园林中的山水泉石和花草树木，使园林显得生机勃勃而情趣横逸。假若没有春风中飘舞的柳、夏季里盛开的莲、金秋

时飘香的桂、冬日里傲雪的梅，园林中的山就显得无光，水就缺乏生气。春柳、夏荷、秋桂、冬梅等多姿多彩的花木，为园林带来了色与香，带来了生机与活力，带来了四季更迭和秀相变化。

自魏晋、南北朝起直至明清，文人造园多较重视园中的植物配置，园林选址会尽量选在林木茂盛之处。如东晋时的谢灵运，选择在“峰崿隆峻，吐纳云雾，松柏枫栝，擢干竦条”的会稽山造园；白居易则将庐山草堂建于竹树云石应接不暇的峰涧之中。如果是在缺乏山林的城市中造园，文人就人工创造植物、山水景观。如晋末名士戴颙“出居吴下，吴下士人共为筑室，聚石引水，植林开涧，少时繁密，有若自然”。即便是心志淡泊的陶渊明，虽然没有建造园林，所居之处也要“采菊东篱下，悠然见南山”。总之，不论松柏枫栝、还是植林开涧，文人所居环境都要有植物相伴，以求与自然同呼吸，与天地共和谐。

园林植物配置时，讲求师法自然，要“虽由人作，宛自天开”。即使是面积很小的园林，也要小中见大，咫尺山林。植物配置讲究疏密有致、高低错落，依自然之理，承自然之趣。植物配置中，往往以三、五株虬枝枯干，予人蓊郁之感，运用少量树木的艺术概括而表现天然植被的气象万千。此外，在以表现植物为主题的景观中，常会以突出某一植物最佳的观赏特性进行配置构成别具特色的景观效果。园植植物特有的形、色、香之美常常成为园林艺术表现的主题。

中国园林是与山水画和田园诗相生相长的，因此十分重视神思和韵味。进入园林，从整体到局部，往往都包含着浓郁的诗情画意。造园家就十分重视对园林意境美的追求。园林中的植物，经常通过诗画的形式加以配置，营造出意境之美。

园林植物配置讲求诗情。明陆绍珩在《醉古堂剑扫》中写道“栽花种草全凭诗格取裁”，清代沈复在《浮生六记》中也有“栽花取势”的观点。以诗情的追求，作为园中四时之景配置主旨，这样的例子在造园之中不胜枚举。

苏州拙政园中的“兰雪堂”，位于该园东大门入口庭院中。“兰雪”二字取自李白的“独立天地间，清风洒兰雪”诗句。玉兰早春先花后叶，满树白花如同积雪枝头，沈周为之写七绝：“翠条多力引风长，点破银花玉雪香。韵友自知人意好，隔帘轻解白霓裳”，点出了银花如雪。文衡山也有句道：“绰约新装玉有辉，素娥千队雪成围。”同样赞赏了玉兰的雪白如玉、绰约多姿。为了体现花白如雪，此处配置上体现了对花量的要求。在“兰雪堂”周围对植四株玉兰，在檐前又对植两株。这样使得“清风洒兰雪”的意境得以充分体现。园主借诗意言志，表达了对高洁人格的追求。

同样是在拙政园中，“芙蓉榭”是一处按诗格反映夏景的佳处。它位于拙政园的东部，园主根据《尔雅》中“荷 · 芙蕖”的说法，以荷花的别称——芙蓉来命名此水榭为“芙蓉榭”。并取晋代夏侯湛《芙蓉赋》中“临清池以游览，观芙蓉之丽华”的意境。宋代丰稷《荷花》诗更点明了赏荷的季节：“桃杏二三月，此花泥潭中。人心正畏暑，水面独摇风。”可见，水面植荷以作夏景，自古有之。李群在《新荷》诗中道：“田田八九叶，散点绿池初。”说明荷的栽植应该稀疏些而不要太过密集。叶隙见水，可以避免湖面景观单调

◎ 苏州拙政园芙蓉榭

沉闷,散植依稀的荷花让人反觉池面的宽阔。

苏州留园中的"闻木樨香轩",位于园中的一个小山坡顶上,周围山峦起伏,山势曲折连绵。轩似古代马车,四面开敞,周围群植桂花。桂别称木樨,每逢秋季,坐于轩中,木樨花香熏人沉醉。桂树,有吉祥的象征涵义。而"折桂"喻科举及第。在《晋书·谷诜传》中有记载:"武帝于东堂会送,问诜曰:'卿自以为何如?'诜对曰:'臣举贤良对策,为天下第一,犹桂林之一枝,昆山之片玉。'"轩名"闻木樨香"取自一则佛教公案。相传黄庭坚与高僧晦堂参禅时,晦堂说:"禅道是无处不在的,全靠自己体味。"庭坚没有领会其中的要意。一日,晦堂趁着桂花盛开的时节与黄庭坚一起在山中行走。他问庭坚:"闻到木樨花的香味了吗?"黄庭坚答道:"闻到了。"晦堂看黄庭坚还是没明白他想说的,就解释道:"禅道就和木樨花的香味一样,四面八方四处弥漫,没有地方是不存在的。"黄庭坚听到这番话瞬间顿悟了。桂花的香味与禅理是一样的,贵在细细体味,这样既把木樨花比作了玄妙的佛学,更表达了花香在空间中的广为传布。这个故事使得"闻木樨香轩"散发着隐约但弥久的禅宗气氛,让人感觉似接禅机,徘徊不去。植桂意境,在凭诗格取裁之中,渐渐升华。

◎ 苏州留园闻木樨香轩

依旧在苏州,怡园则是以冬日梅景为胜。在植物景观命名及意境营造中,凭诗格取裁,为怡园增添不少雅趣。园中的主厅"锄月轩"及其东面的"南雪亭",均以植梅命名。"锄月轩"取自宋代刘翰"惆怅后庭风味薄,自锄明月种梅花”和元萨都剌诗:“今日归来如昨梦,自锄明月种梅花”诗意而名。两诗实渊源于陶渊明“带月荷锄归”的典故,表达的是对隐逸生活的向往之情。“锄月轩”南面空地叠不规则湖石花台,上立石峰,植牡丹、芍药、杉、桂、白皮松等。花台以东有梅花数十株,早春之际,缤纷万树,清香盈溢,故此处又名“梅花厅”。“南雪亭”取名来自杜甫“南雪不到地,青崖粘未消”的诗意。它引用了南宋潘庭坚约社友聚饮于南雪亭梅花下的故事,“意盖续南宋之佳会”,在亭周植梅数株。这样按诗文典故配置而成的植物景观,景中有文,使得怡园充满着诗情雅趣。

传统山水画的创作,丰富了园林营建中的画意。国画最大的特点是写意。它着重主观情思与客观形象的结合,追求的是“神似”而非“形似”。运用“神似”的画理,结合植物文化的内涵,便可“以少胜多”,在有限的空间中,“芥子纳须弥”地达到“万景天全”的境界。

运用植物景观表现画意的手法在园林中应用很多。如计成在《园冶》自序中曾写道:“……令乔木参差山腰,蟠根嵌石,宛若画意。”令人赞不绝口,“以为荆关之绘也。”山水画的表现方法经常被应用于造园中,为园林增添意趣。在景观植树成丛的配置中,画理有论述说:“两株一丛的要一俯一仰;三株一丛的要分主宾,四株一丛的则株距要有差异。”这一论述不仅是为了画面的美观需要,也完全符合树木生长对环境的要求。同时,画论对于四时之景的论述也十分精妙。春时,花木应该表现为“叶细而花繁”,这就应该在园林之中选用先花后叶的树种,或花叶同放、花冠浓艳的种类竞相配置。而夏季,则应“叶密而茂盛”,达到的应该是绿荫如盖的场景,以求为炎炎夏日增添几许凉意,突出园林之中冠大荫浓乔木十分宝贵。在秋季，“叶疏而孤零”，因此，在园林之中要选用许多秋色叶树种，比如在秋天叶片会由绿而黄、由黄而褐、由褐而棕红的植物，像枫香、鸡爪槭、三角枫等均属于这一类型。“霜叶红于二月花”这一属于秋季的特殊变化使得园林之景别有情趣。冬季是“叶枯而枝槁”的，这讲的是落叶树的冬态，落叶阔叶树冬季落叶后，枝干裸露，如同树木的骨架，也就称为冬骨。在面积较小的园林之中，不适宜多栽种常绿树，应该以落叶树为基调，“冬树观形”，使得冬景十分明晰。在一般的园林中，要讲究常绿树和落叶树搭配种植，使得虽在冬季，依旧充满生机。而“植树不宜峰尖”“远树无根”这两句画诀体现了峰尖不栽树的要求，表现了园林景观的雄奇之观。

留园“揖峰轩”北包檐墙上有两扇“尺幅窗”，窗外小天井中修竹摇曳，旁有峰石一二，这一框景酷似《竹石图》；网师园“殿春簃”的北包檐外，有较大的天井，内有梅竹兼备，峰石秀美，此处园景疑似《梅竹图》。这些都是依画意配置园林植物的佳例。

按画理取裁植物景观，除了以上列举的单一景点、单一树木富有寓意，尚须顾及总体气势。如清人唐岱在《绘事发微》中指出：“且画山，则山之峰峦，树石俱要得势，……诸凡一草一木，俱得势存乎其间。”这里“得势”即是树木与环境、空间的协调相称，使树木之间、树木与山水房舍之间具有内在的联系。

将诗情画意融入园林，一个韵味无穷的诗意空间就此形成。故而，在园林的植物配置中，追求的也是诗情画意的意境美。凭诗格取裁，随画意铺点。诗情画意的植物配置，使园林既似凝固的音乐、无声的诗歌；又如可游、可居的立体图画。

第七章

历代文人与园林

中国历代文人对园林都情有独钟，他们在园林中陶冶情操，治学树业。园林是文人们修身养性的乐土和安顿心灵的家园，也是文人们风雅聚会的场所和吟诗作赋的宝地。有些文人喜爱园林，有些文人品评园林，有些文人甚至亲自建造园林，以他们的审美情趣影响园林的发展。

纵观历史，早在魏晋南北朝时期，文人和园林就有所联系；到了唐宋时期，文人园林逐渐兴起并开始在私家园林中占有非常重要的地位。历史上众多园林无论属于公共园林还是私家园林，都曾成为文人雅士游览聚会、诗酒唱和的场所。由此产生的名篇佳作和故事传说更是数不胜数。

第一节 曲水流觞聚兰亭，群贤毕至叙幽情 ——王羲之与兰亭

兰亭位于会稽山阴（今浙江绍兴兰渚山），相传早在春秋战国时期，越王勾践在这里种兰，到了汉代，朝廷曾在这里设驿亭，兰亭由此得名。魏晋时期，兰亭山清水秀，风景绝佳，人们常于上巳节——农历三月初三在此郊游宴饮、畅叙幽情。兰亭一时间成为一处著名的公共游览胜地。及至现在，当代书法家们仍会在三月初三那一天聚于兰亭，泼墨挥毫、吟诗作画。

兰亭为何会在中国园林历史上占据如此重要的地位，除了风光秀丽外，还因流传着一段与王羲之有关的“曲水流觞”

之佳话。

王羲之是东晋的书法家，有“书圣”之美称，曾经担任过会稽内史、右将军，所以人们又称其为“王会稽”、“王右军”。他自幼爱习书法，受其父王旷、其叔父王廙启蒙，又师从卫夫人，后又博览秦汉以来的古迹，推陈出新，自成一派。他的小儿子王献之在书法上也很有造诣。二人被后世并称为“二王”。

晋穆帝永和九年(353年)的上巳节，也就是当时进行祭祀活动的修禊日，大书法家王羲之在兰亭举行了风雅集会。被邀请参加这次集会的名流士大夫们有官至宰相的谢安，也有一代文宗辞赋家孙绰，有“才器隽秀”的名士谢万，也有玄学高僧支道林，还有王羲之的儿子献之、凝之、涣之、玄之等四十一人。

兰亭周围有高峻的山峰、茂盛的竹林、清澈的溪水，在明媚春光中显得格外明丽。旖旎的风景使人心旷神怡，在徐徐暖风中，俯仰之间，体会自然之美，让人不禁想要抒发心中的感受，和大家一起分享快乐。雅兴上来，文人名流们依次坐在曲水的旁边，尽管没有丝竹音乐，也能通过饮酒一杯、作诗一首来纵情山水。就这样，他们曲水流觞、诗酒酬唱。

这次兰亭雅集的重头戏就是曲水流觞。曲水流觞出自先秦的修禊活动，属于一般的民俗活动。到了魏晋时期，曲水流觞已成为盛行于文人士大夫之间的一种社交休闲活动，属于园林游赏的范畴。而王羲之等人参与的兰亭雅集，正是曲水流觞活动完成这两者之间转变的标志。此后，曲水流觞逐渐成为我国传统园林中一类重要的景点。

在曲水流觞的活动中，众人列坐在蜿蜒曲折的溪水旁，用羽觞盛上美酒，将其放置在溪水上游，任它随意往下游漂流。

羽觞停留在谁的身旁，谁就把其中的美酒饮尽。而文人名士的集会，必然是追求风雅的，因而此次的曲水流觞以赋诗为目的。若羽觞在谁的面前停留，谁就要赋诗一首，如果作诗不成，就要罚酒三杯，以示惩罚。

活动结束后，一共有十一人各作诗两首，十五人各作诗一首，十六人因为吟不出诗句，各被罚酒三杯。王羲之的小儿子王献之竟也因为作不出诗而被罚了酒。后来有位清代诗人作了一首打油诗来取笑王献之："却笑乌衣王大令，兰亭会上竟无诗。"大家把诗汇集起来后，想要结集成册。于是，推举了此次雅会的召集人——在当时德高望重的王羲之写序，记录这次集会。

"书圣"王羲之挥毫写就了《兰亭集序》。《兰亭集序》全篇共二十八行，三百二十四字，宋代书画家米芾称其为"天下第一行书"。说到《兰亭集序》，几乎每个人都听说过，甚至不少人还能背诵，足见它在中国灿烂的文化历史中占据一席之地。

从内容上看，《兰亭集序》是一篇文辞优美的散文，它打破成规，自辟径蹊，不落窠臼，不论绘景抒情，还是评史述志，都令人耳目一新。尤其在当时玄学正盛的时候，提出"一死生为虚诞，齐彭殇为妄作"，非常可贵。从形式上看，《兰亭集序》更大的成就在于它的书法艺术。它是大书法家王羲之的书法艺术代表作，更是中国书法艺术史上的一座丰碑。通篇下来，用笔遒媚飘逸，手法既平和又奇崛，既有精心安排的艺术匠心，又无做作雕琢的痕迹，自然天成。其中，相同的字写法却也不尽相同，如"之""以""为"等字，各有变化，特别是"之"字，形态竟有二十多种，达到了艺术上多样与统一的效果。

可惜的是《兰亭集序》的真迹并未保存至今，如今我们看到的都是后世之人所作的摹本。关于真迹的去向，有这样一段故事。

《兰亭集序》的文化艺术价值极高，因而一直被当作瑰宝珍藏在王氏家族之中，就这样代代相传，一直到了七世孙智永。智永年少时在绍兴永兴寺出家做了和尚，临习王羲之真迹三十多年。后来智永和尚将《兰亭集序》传给了弟子辨才和尚。辨才擅长书画，自是对《兰亭集序》珍爱有加，妥善保存，从来不将其展示给外人看。那时，唐太宗李世民正大量搜集王羲之的书法真迹，自然不会放过《兰亭集序》，却多次重金悬赏索求未果。后来唐太宗派监察御史萧翼假扮书生，接近辨才，伺机取得《兰亭集序》。萧翼投其所好，两人很快熟悉起来。有一次，萧翼拿出几件王羲之的书法作品给辨才和尚欣赏。辨才看后，不以为然地说："真倒是真的，但不是好的，我有一本真迹倒不差。"萧翼假作不屑一顾，逼得不服气的辨才从屋梁上取下《兰亭集序》的真迹。萧翼一看，果真是《兰亭集序》真迹，马上将其夺来，同时向辨才出示了唐太宗的有关诏书。辨才方知上当。唐太宗得到《兰亭集序》后如获至宝，让当时的书法家们临写。唐太宗死后，《兰亭集序》的真迹作为殉葬品，一同埋藏进昭陵。

◎ (唐)褚遂良《褚摹兰亭序》

一千六百多年下来，兰亭地址几经变迁，根据嘉庆《山阴县志》记载，如今的兰亭是在明代嘉靖时兰亭的旧址上重建的，基本保持了明清园林的建筑风格。而在此之前，兰亭已有多次迁移，当年王羲之作《兰亭集序》的地方究竟是哪一处，已经不得而知了。

现在兰亭经过历朝历代的多次修建，已成为一处江南园林，以“景幽、事雅、文妙、书绝”四大特色而享誉海内外，是中国重要的名胜古迹。兰亭的内涵可以概括为“一序”“三碑”“十一景”。“一序”指的是《兰亭集序》，“三碑”指的是鹅池碑、兰亭碑、御碑，“十一景”指的是鹅池、小兰亭、曲水流觞、流觞亭、御碑亭、临池十八缸、王右军祠、书法博物馆、古驿亭、之镇、乐池。

“曲水流觞”位于兰亭的中心，周围环绕着流觞亭、御碑亭、鹅池等景点。如今的“曲水流觞”早已不复当年的景况，世人也无从确定兰亭流觞的旧址。现在的“曲水流觞”是后来建造的人工纪念物。在流觞亭前面有一条“之”字形的沟渠，表示曲水。中间有一块木化石，上刻“曲水流觞”四个字，告诉人们这里曾经有过风雅集会。

流觞亭是为了纪念曲水流觞而修建的。亭上的匾额写着“流觞亭”三个大字。旁边的对联上书“此地似曾游，想当年列坐流觞未尝无我；仙缘难逆料，问异日重来修禊能否逢君”。亭中向游客展示了兰亭修葺图、曲水流觞图以及当年流觞所用器具的复制品。人们可以凭此想象在当年王羲之举办的兰亭集会上，群贤曲水流觞，吟诗作赋的情形。流觞亭后还悬有当年参加雅集盛事的一代文宗孙绰所作的《兰亭后序》全文，由清朝同治年间的书法家杨恩澍所写。

御碑亭建于清康熙年间，后被台风损毁，现在的御碑亭是

1983年重建的。康熙皇帝也很喜欢《兰亭集序》，曾临写过《兰亭集序》，刻于碑上，书风潇洒俊逸。碑的背面是乾隆皇帝下江南游兰亭时，即兴所作的一首七言律诗《兰亭即事诗》，同样表达了他对兰亭的喜爱仰慕之情。这座碑因为留存了康熙、乾隆祖孙二人的墨宝，又被称为祖孙碑。

◎ 绍兴兰亭碑亭

兰亭碑亭是兰亭的标志性建筑，建于清康熙年间。兰亭碑上的“兰亭”二字是康熙皇帝亲笔所写。此碑在“文革”中遭到破坏，后于二十世纪八十年代修复，但仍留下了“兰”字缺尾，“亭”字缺头的遗憾。

鹅池边有一座三角亭，三角亭中立有一块写了“鹅池”的石碑。相传碑上的“鹅池”二字是王羲之、王献之父子合写的。父亲写了“鹅”字，儿子续写了“池”字，因此这块石碑又被称为父子碑。据传，当年王羲之正在写“鹅池”二字的时候，正好听到接圣旨的呼声。位居右将军的王羲之不敢怠慢，立刻去接圣旨。而在一旁的王献之就补上了“池”字。

◎ 绍兴兰亭鹅池

鹅池如今还在向世人诉说王羲之爱鹅的事迹。王羲之喜欢看鹅、养鹅。他认为养鹅不仅能够陶冶情操，还能从鹅的动作形态中领悟到书法的真谛。据说在《兰亭集序》中的那各不相同的二十多个“之”字就是根据鹅的姿态演变而来的。有一次，他外出游玩时看到一群姿态优美的白鹅，想要将他们买下。鹅的主人是一位道士，听说是书法大师王羲之想要买自己的鹅，表示如果王羲之为他抄一部《黄庭经》，就将这些鹅送给王羲之。王羲之欣然同意，成就了这番“成书换鹅”的美谈。

王右军祠建于清康熙年间，粉墙黛瓦，四面临水。祠内有一方清池，池中建有墨华亭，亭旁连桥，祠旁环绕回廊，建筑布局独具匠心。祠内陈列王羲之像，两侧回廊上刻有历代名家临写的《兰亭集序》。现在每年农历三月初三的中国兰亭书法节开幕式和书艺交流活动都在祠内举行。

文人名流的兰亭雅集和有“书圣”之称的王羲之潇洒写就的《兰亭集序》成就了如今的兰亭，从此以后兰亭成为历代书法家的朝圣之地和江南著名园林。作为中国历史上第一个公共园林，兰亭的意义早已不是一般江南园林能够比拟的，它承载着深刻的文化意义，后人在参观兰亭的时候，不仅能够了解历史文化，还能遥想当年的魏晋风流。

第二节 浣花流水水西头，主人为卜林塘幽
——杜甫与杜甫草堂

杜甫草堂一直是各方游客到了成都后争相游览的胜地。人们心怀崇敬，前来这里追忆伟大的诗圣——杜甫（712－770）。但是如果只是抱着参观看热闹的心情，那不免会有些

◎ “诗圣”杜甫

失望。杜甫草堂的名声虽盛，但规模并不大，若是追溯往昔，诗圣当年的住处不过是一间茅草屋而已。

当年大诗人杜甫为了躲避安史之乱，流寓成都。到了成都后没多久，杜甫就被景色宜人、风景如画的成都西郊所吸引，准备在此定居。

这里有一条小溪，名曰浣花溪。我们从小就会背诵的绝句“两个黄鹂鸣翠柳，一行白鹭上青天，窗含西岭千秋雪，门泊东吴万里船”就是成文于此。茅庐、小溪、竹林、楼阁、小桥、卵石构成了一幅关于浣花溪恬静优美的画卷。明代文人钟惺曾在《隐秀轩集》里提到过浣花溪。“出成都南门，左为万里桥。西折纤秀长曲，所见如连环、如玦、如带、如规、如钩，色如鉴、如琅玕、如绿沉瓜，窈然深碧、潆回城下者，皆浣花溪委也”，说的是浣花溪蜿蜒曲折、纤巧秀丽，一路下来，如玉带、如弯钩、如玉玦……。浣花溪水的色泽在各处不尽相同，有时通透，有时浓绿，最终在城墙脚下潆绕汇聚。然而浣花溪之所以有名并不完全是因为它美丽，还是因为那淙淙的流水会经过杜甫所居住过的草堂。

说到浣花溪，这里还有一个关于浣花夫人的美丽传说。相传在唐代，浣花溪边住着一户农家。这户农家有一个漂亮的女儿。农家女孩经常会到溪畔洗衣服。一次女孩在洗衣服的时候,碰巧有一位遍体生疮的僧人路过。僧人不小心掉进沟渠里,把身上穿的僧袍弄脏了。于是他将僧袍脱了下来请求那位姑娘洗干净。善良勤劳的农家女孩欣然答应,随即就拿着衣服在溪水中洗了起来。就在此时,或许是上天感动于农家女孩的质朴,溪水中竟然漂浮起一朵朵莲花。刹那间,整个溪水覆满了莲花,从此这条小溪叫作浣花溪,而那个农家女孩被人称为浣花夫人。

杜甫决定在成都定居后,在浣花溪边建造了一座别墅园林,取名浣花溪草堂。在杜甫的《寄题江外草堂》中可以一窥建造的经过:“诛茅初一亩,广地方连延。经营上元始,断手宝应年。敢谋土木丽,自觉面势坚。台庭随高下,敞豁当清川。虽有会心侣,数能同钓船。”由此可见,当时经济并不宽裕的诗人初建自己的茅屋时,仅仅用了一亩地,随后又花费了两年时间,加以扩展。建筑布置随地势之高下,因势利导,充分利用天然的水景。

杜甫在《卜居》中写道:“浣花流水水西头,主人为卜林塘幽。已知出郭少尘事,更有澄江销客愁。无数蜻蜓齐上下,一双鸂鶒对沉浮。东行万里堪乘兴,须向山阴上小舟。”可以看出,草堂周围环境清幽,令人沉醉。浣花溪碧水蜿蜒曲折,绕着草堂潺潺流过。花草树木郁郁葱葱。诗人来到这里后,忘却了俗世喧嚣带给他的烦恼,看着澄澈的溪水,鸟儿在水面嬉戏,鱼儿在水中欢跃,顿觉先前漂泊辗转的疲惫一扫而空,正如诗人在《客至》里的描述:“舍南舍北皆春水,但见群鸥日日来。”

住在环境优美的草堂之中,每日所见都是风景秀丽的浣花溪,诗人过上了清江垂钓的悠闲生活。不久之后,他还专门添置了水槛，享受垂钓、远眺之乐，并写下了《水槛遣心》，以此抒发对生活的满足之感。远离城郭，居住在清幽之地，诗人开始关注周围的一草一木，雅兴上来了，也会在草堂周围栽植树木花草。诗人从亲朋好友处觅得桃树、桤木、绵竹、松树等，种植在附近，并种起了菊花，享受采菊东篱、把酒临风的潇洒生活。

在浣花溪草堂居住的三年多时间里，杜甫或采药种花，或泛舟登山，或与农夫欢谈，或与稚子嬉戏。多数时间，他忘却了烦恼，留下了许多淡雅明丽的诗句。

杜甫定居成都的时候已经年近五十，孔子说“五十而知天命”，到了这个年纪的诗人，想来也能够静心听从命运的安排。或许正是因为如此，杜甫选择在这样一个幽静恬淡、极富田园诗意的地方定居，享受平和宁静的幽居生活。

在此之前，杜甫的命运比较坎坷。杜甫出生于官宦世家，他的祖父杜审言，曾任膳部员外郎，也是一位著名的诗人。从小接受祖父熏陶的杜甫和诗歌结下了不解之缘。杜甫的父亲杜闲做过兖州司马，奉天(陕西乾县)县令。再往上细数杜甫的祖先，也都有过一官半职。在当时，这样的家庭算是名门望族，因此杜甫在青年时代过着读书万卷，衣食不愁的滋润生活，有着良好的文化教养。这样的他年少气盛，自视甚高，一心想要考取功名。杜甫二十三岁的时候(735 年)，在洛阳参加进士的考试，没有及第。此后，他仍然努力复习应考，第二次应“制举”却因为李林甫从中作梗，所有人都落榜。两次考试失败的经历不得不让杜甫另谋出路。他向当时的达官贵人展示自己的诗文才华，希望他们帮忙举荐。他甚至向皇帝献赋三次，恳请任用。杜甫三十九岁时(751 年)向唐玄宗献赋，并一度引起了皇上的注意，只是时运不济的他很快就被遗忘了,一直到四年后(755 年),才获得了右卫率府胄曹参军(掌管兵甲器仗及门禁锁钥)的小官职。三年后(758 年),杜甫在任左拾遗时因为直言进谏,触怒了权贵,被贬到华州任司功参军。

仕途的坎坷磨砺了杜甫的性格,曾经的年少轻狂也被生活的现实消耗殆尽。由于官场上的不受重用,杜甫的生活比较困苦,这也使得他转而开始了对现实社会的关注和思考。

其间,杜甫经历了安史之乱,最终在四十七岁那年(759 年)丢弃了华州的官职,前往秦州(今甘肃天水),后经同谷(今甘肃成县)进入四川。

悲惨的境遇往往能成就伟大的诗人。杜甫一生留下了上千篇诗歌,在中国古典诗歌史上产生了深远的影响,备受后人的推崇。杜甫也因此被世人尊称为“诗圣”,他所写的诗全面反映了唐代由盛到衰的变化过程,渗透着诗人对生活的思考,被人称为“诗史”。杜甫被贬到华州后,常常借诗歌抒发自己对仕途失意、世态炎凉、奸佞当道的愤懑。他写下了《题郑县亭子》《独立》《瘦马行》等。在安史之乱期间,杜甫在从洛阳返回华州的途中,一路见到饱受战争苦难的百姓,深觉战争给人民带来的灾难,感慨万千,挥笔写就了传诵至今的史诗:《新安吏》《石壕吏》《潼关吏》,合称“三吏”;《新婚别》《垂老别》《无家别》,合称“三别”。到了成都,在定居于浣花溪草堂的三年多时间里,杜甫写下两百四十多首诗歌。虽然在这段时期,杜甫生活得较为闲适,但是伟大的诗人依旧忧国忧民,写下了如《茅屋为秋风所破歌》《闻官军收河南河北》等作品。

如今的浣花溪草堂已发展为集纪念祠堂格局和诗人旧居风貌为一体的纪念博物馆和文化圣地。当年杜甫离开成都,去往江陵、衡阳一带后,草堂因无人居住而逐渐荒芜,最终不复存在。五代前蜀时期的诗人韦庄(约836－910)寻得草堂遗址,重结茅庐。今天我们所看到的杜甫草堂,就是韦庄重建的草堂经宋、元、明、清多次修复而成的。其中,明弘治时期和清嘉庆时期的两次重修基本奠定了杜甫草堂的规模和布局,使其转变为一处具有纪念性质和展示杜甫旧居风貌的博物馆。

现在的杜甫草堂完整保留了清嘉庆时期重建时的格局,占地面积三百多亩。整个草堂的布局表现为一条中轴线贯穿始终。由照壁作为序景,正门、大廨、诗史堂、柴门、工部祠等主要建筑依次排列在中轴线上,并通过两旁对称的附属建筑以及点缀其间的亭、廊、槛、榭,共同构筑起多层次的环境空间,营造出极富变化的空间形式。

轴线的最前面是白墙黑边的砖砌照壁,它是草堂建筑群与外部环境之间的一道屏障,增加了建筑群的层次感,同时具有"障景"的作用,避免游人对后面的景物一览无余。

◎ 成都杜甫草堂正门

照壁后面是杜甫草堂的正门,抬头可以看见悬挂其上的匾额写着"草堂"二字,这是清雍正皇帝之弟果亲王允礼所写。正门两侧的楹联"万里桥西宅,百花潭北庄"道出了浣花溪草堂所处的位置。"万里桥"就是现在的南门大桥。根据史册记载,三国蜀相诸葛亮送费祎出使东吴,在此设宴饯别,诸葛亮深感费祎此行路途遥远,联吴抗魏的任务艰巨,故说道:"万里之行始于此。"桥因此而得名。

正门后的院落则是按照“浣花流水水西头，主人为卜林塘幽”的意境布局。庭院中碧水潆绕，翠竹掩映。

继续前进，就到了大廨。大廨指古代官吏办公的地方。由于杜甫一生胸怀大志，但仕途不顺，一心想要施展他在政治上的抱负而不得。好不容易做了唐肃宗的左拾遗，却因为直言犯谏而被贬谪。杜甫虽然仕途不得志，但始终心怀天下，后人为了表示对他的景仰和尊敬，在此修建了大廨，以表纪念。

史诗堂修建于清嘉庆十六年(1811 年)，后来经过修缮保存至今。建筑风格朴实无华，但气势恢宏。堂内陈列着历代名人题写的楹联和匾额。它与大廨之间以回廊连接着东西两座建筑。古雅的回廊径直通透，周围广植梅、杜鹃、栀子、竹等植物。漫步廊中，繁荫掩映，翠枝拂檐。随着回廊前行，行至堂前，又可以品鉴诗词，体味诗情画意，意境深远。

步入柴门，往前走一段路就能看见工部祠。每年农历正月初七，人们就来此凭吊诗圣。这个习俗来自两边楹柱上的对联“锦水春风公占却，草堂人日我归来”。据说清代著名书法家何绍基了解到杜甫、高适常在正月初七那天唱和诗歌，他在果州(今四川南充)完成公务后，直奔草堂，但由于还未到正月初七，于是他在郊外留宿到正月初七，才进到草堂写下了这副对联，来纪念诗圣。从此文人墨客纷纷效仿，逐渐形成了正月初七游草堂祭拜杜甫的传统。

◎ 成都杜甫草堂碑亭

工部祠东侧是少陵草堂

碑亭，象征着杜甫的茅屋，令人遐想，已成为杜甫草堂的标志性景点。

无论是从前的浣花溪草堂还是如今的杜甫草堂，它们所构筑的诗意园林空间都向人们传达了古朴自然、幽静清新的意境。栖居在浣花溪草堂，杜甫留下了上百首脍炙人口的诗歌，而如今的人们追寻着诗圣的脚步来到杜甫草堂，同样能够感受到那些流传千古的诗歌所要向世人传达的意境，细细品味，余韵悠长。

第三节　岛上鹤毛遗野迹，岸旁花影动春枝
——林逋与孤山

◎ 杭州孤山

孤山位于杭州西湖西北角，即西湖的里湖和外湖之间。它四面环水，是西湖中的最大湖岛，也是湖中唯一的天然岛屿。因山上多梅花，又称梅屿。孤山周围名胜古迹众多，沿湖岸能欣赏到西泠桥、秋瑾墓、西泠印社、楼外楼、中山公园等景点。它东接白堤，西连西泠桥，形如牛卧水中，浮在碧波潆绕的西子湖上。

孤山的景色在唐宋年间就已闻名，唐代诗人白居易曾作诗曰："孤山寺北贾亭西，水面初平云脚低。"或许正因为孤山碧水环绕，花木繁盛，亭台楼阁错落有致，宛如一座园林，白居易称之为"蓬莱宫在海中央。"直至南宋定都临安（今浙江杭州）后理宗赵昀（1205－1264）曾在此兴建规模宏大的西太乙宫，把大半座孤山划为御花园。清朝时，康熙皇帝又在此建造行宫，雍正皇帝改行宫为圣因寺。

作为西湖中最大的岛屿，为什么会被称为"孤山"呢？关于"孤山"这个名字的由来，有一种说法是这么解释的。因为孤山风景优美，曾被数位自称孤家寡人的皇帝所占有，因此得名孤山。从此"孤山不孤，断桥不断，长桥不长"成了杭州西湖的三绝。"孤山不孤"，说的是孤山形成于火山喷发，整个岛是和陆地连在一起的，所以严格说来并不算"孤"。而至于"断桥不断，长桥不长"，说的是西湖另两处景点：断桥残雪和长桥公园，这里就不做赘述了。

孤山上的名胜古迹众多，与之相关的历史文化故事自然也多。其中与孤山结缘的历史名人有苏小小、苏东坡、欧阳修、秋瑾等，而最为文人墨客津津乐道的可能要算"梅妻鹤子"的林逋了。

◎ 宗华《梅妻鹤子》

"梅妻鹤子"意为"以梅为妻，以鹤为子"，说的是北宋初年著名的隐逸诗人林逋（967－1028）。后人称其为"和靖先生"。当年，林逋隐居杭州孤山，不求名利，终生不仕不娶，喜好植梅养鹤，以此为乐。自称"以梅为妻，以鹤为子"，人称"梅妻鹤子"。

据说林逋自幼刻苦好学,通晓经史百家。但偏偏性格孤高自傲,喜欢恬淡的生活,不愿追逐名利。成年之后,他曾经漫游在江淮一带,而后来到杭州西湖,结庐孤山,从此不入城市,过起了隐居生活。北宋初期,西湖还没有像今天这样被开发成与城市紧密结合的旅游风景地,故而那时孤山算是相当偏僻的地方了。

林逋在一个初雪纷飞的日子来到孤山,并决定长住在此。那一年,他四十一岁。孤山上草木丛生,流水潺潺。若登高望远,便可将西湖美景尽收眼底。在诗歌、书法、绘画上均有很高造诣的林逋,出于对自然山水的审美偏好,一下子就被这个幽静隐逸的地方所吸引。他在孤山上垒土为墙,结庐为室,编竹为篱。从此在此地开始了他人生剩下二十年的隐居生活。

林逋在孤山上定居后,就开始了造园活动,他着力营造隐逸闲适的生活环境。自古以来,诗人常以花草树木来托物言志。林逋也在他的居所周围种植了品种繁多的花木。他亲自栽种过的或者赋诗赞颂过的花木有梅、竹、松、茶、柳、桃、柿、杏、桂、海棠、芍药、菊花、菱、莲等。经过一番栽花种树,不仅林逋的宅居环境更加清幽雅静,而且整座孤山的景色也更加宜人。

林逋爱梅,自诩过“以梅为妻”。在他种植的花木中,以梅树居多。林逋营建梅林的方式非常有意思。根据明代文人吴从先在《和靖种梅论》中的说法,林逋在孤山种了三百六十多株梅,种法很特别:每种三十株梅,挖出一条沟作为分界,代表一个月,等到挖出十二道沟后,做一道田埂代表一年。在田埂旁另植梅二十九株,代表“闰月”。由此可见林逋是按一年的天数来栽植梅花的。清代文人王复礼在《御览孤山志》记载:“和靖种梅三百六十余树。花既可观,实亦可售。每售梅实一树,以供一日之需。”根据这个说法,可以想见林逋把所种梅树的果实出售,所得的收入按每一株的价钱来决定当天的开销。若当日赚得的钱多就买些酒喝,若赚得的钱少,就将就着过。

林逋爱种梅,更爱咏梅。在超尘脱俗的自然环境中,林逋以淡雅高远的隐逸心态认识、欣赏梅花,从而咏出赞美梅花的千古绝句。其中《山园小梅》中的“疏影横斜水清浅,暗香浮动月黄昏”是最为后世之人所称道的。这两句诗极其形象地描绘了月光下山园小池边的梅花。诗人没有直接描写梅花,而是通过对梅影和梅香的描绘,间接从动与静、视觉与嗅觉的角度营造出一个迷人的意境。这两句诗传神地表达出了梅花之魂,成为历代诗人咏梅诗中最脍炙人口的佳句。

林逋在孤山上种植了大片的梅林,孤山的面貌因此而改观;也正是因为林逋留下了诸多赞美孤山梅花的千古名句,孤山梅从此闻名天下。自此,文人雅士纷至沓来,留下咏梅的诗作。此前,在诗歌文化最兴盛的唐朝,除了白居易有诗提及孤山梅花外,没有其他人的诗提到孤山梅花。

现今的孤山梅林主要集中分布在孤山东北与西北部。初春来临,梅花含苞待放就已引得许多爱梅人士的关注,开花时更是游人如织,梅花在明媚的春光里,呈现出一派迷人风光。

既然是“以梅为妻,以鹤为子”,林逋除了爱梅,自然也喜鹤。动物从很早以前就是中国园林的组成要素。在孤山隐居的这段时间里,林逋也养了不少动物,在他的诗中被提及的动物就有狗、猫、鹿、鹤。林逋养鹤颇有意思。明代文人张岱曾在《西湖梦寻》里说过:“(林逋)常畜双鹤,豢之樊中。逋每泛小艇,游湖中诸寺,有客来,童子开樊放鹤,纵入云霄,盘旋良久,逋必棹艇遄归,盖以鹤起为客至之验也。”大意是林逋每次泛舟湖上，游览湖中的各个寺庙时，若正好有客人来访，林逋的童子就会开笼放鹤，林逋看见鹤在空中盘旋后，就会返回家中迎接客人。

在林逋的诗中，可以看到许多他和鹤的生活剪影。鹤的绰约风姿常常给予林逋灵感，使他写下了不少以鹤寓怀、表现闲逸生活、寄托清高情怀的诗篇："鹤闲临水久，蜂懒采花疏"，"春静棋边窥野客，雨寒廊底梦沧州"，"一曲谁横笛，蒹葭白鸟飞"等等。也正是因为林逋对鹤的喜爱，他把鹤当成"儿子"，并给鹤取名为"鸣皋"。"鸣皋"典出《诗经 · 小雅 · 鹤鸣》中的"鹤鸣于九皋，声闻于天"。比喻真理和奇才是无法被掩藏的，多用以赞美隐士。林逋以此为鹤取名，表达了他追求隐逸生活的态度。

林逋自来到孤山之后，也建造过园林建筑。他的隐居处不只是一间住屋，而是一座园林。从林逋所写的诗看来，在这座园林中不仅有庐舍，还有亭、轩、阁等园林建筑。园内甚至还有园池，根据林逋所存的诗中可知常有鸟在园池上嬉戏，池中也种植了许多水生植物，如水葵、菰蒲、蓼花等。

在林逋诗《春日寄钱都使》《杏花》《水亭秋日偶书》等中，都提到了亭。他在《水亭秋日偶书》里是这么写的："巾子峰头乌臼树，微霜未落已先红；凭阑高看复低看，半在石池波影中。"如此看来，这座亭可能是临水而建，或者建于水上。

在林逋构建的园林建筑中，最有名的是位于孤山山顶的巢居阁。林逋当时称其为山阁，"巢居阁"是后人在《孤山志》中提到山阁时所用的名字，一直沿用至今。林逋在阁旁种植有松、竹、梅，"岁寒三友"给山阁增添了一份淡雅清丽的色彩。在山顶建阁可以登高望远，观赏西湖美景，也能与友人一同欣赏湖光山色。

林逋在孤山上进行了多方面的园林营造活动，内容涉及植物、动物、建筑等，孤山上的景致也因此变得丰富多彩。虽然林逋过着隐居生活，一心归隐山林，但由于他所从事的优雅清高的活动和他所作的反映隐逸生活和闲适情趣的诗画，而被当世之人所熟知称道。

虽不入城市，但林逋时常走动于西湖诸寺，和高僧诗友都有所往来。常常以诗会友，互相切磋。他与当时的文人范仲淹、梅尧臣都有诗词唱和。

不仅文人雅士乐于和林逋往来，一些官吏也非常敬重他。当时的郡守薛映十分喜爱林逋写的诗，常到孤山上来和他吟诗唱和。林逋也以礼相待，只是从未入城回访。官至宰相的王随曾在杭州任给事中，那时他拜访过林逋。王随看见林逋的居所“富于圃而陋于室”，就拿出自己的俸禄替林逋修建一些园林建筑。

林逋的名声甚至传到了皇帝耳中。宋真宗知道了其人其事后，对他赞誉有加，赏赐他粮食衣物，以表抚恤。林逋逝世，当时的皇帝宋仁宗感到十分惋惜，赐谥号为“和靖先生”，将林逋葬在了他生前在庐侧亲建的墓中。南宋时期，皇室迁都到了临安。皇帝下令在孤山上修建皇室寺庙，为此山上原来的宅居田地甚至墓地都要全部迁走。然而林逋墓却被保留了下来，足见皇帝对他的尊敬和厚爱。

林逋一生淡泊名利，虽然擅长诗词书画，但很少存稿。后世之人只听说他“善绘事”，却不能一睹真迹。他的书法作品如今存在于世的也仅仅只有三件。至于他所做的诗，也是人们私下记载下来，才能流传至今。因为林逋作诗时常常随意写就，随意丢弃。别人问他为什么不将其记录下来流传给后人。他只是回答道：“我归隐山林，就是不想因为我的诗而名显当世，又怎么会希望后世之人也知道我呢。”如此看来，林逋是真正的隐士。

◎ 杭州孤山放鹤亭

后人为了纪念林逋，不仅一直保留了林逋墓，还修建了放鹤亭。放鹤亭位于林逋墓的旁边，是元代陈子安在“巢居阁”旧址所建的纪念性建筑，现亭为1915年所重建。亭上挂有楹联：“梅花已老亭空鹤，处士长留山不孤。”因为有了林逋和梅花，从此名人雅士纷纷探访，孤山不孤。放鹤亭中有一块清康熙帝临摹明代书法家董其昌所题的石碑。石碑上刻的是南北朝鲍照所著的《舞鹤赋》，用以赞扬鹤美丽动人的姿态和能歌善舞的才能。亭旁有林逋生前所造的鹤冢相伴，数株梅花，描摹出诗人的风骨。

过去千年，孤山的名人遗迹越来越多。如今的孤山已成为各地游客游览杭州西湖时的必去之地。人们来孤山游玩，总会记得要来此赏梅，也看一看这位首度隐居孤山并改造孤山的一代名士——林逋。

第四节 伤心桥下春波绿，曾是惊鸿照影来
——陆游与沈园

说到关于爱情绝唱的诗词，人们总是不禁联想到陆游和唐婉凄美动人的《钗头凤》。两首《钗头凤》分别出自陆游和唐婉之手，全词记述了他们在沈园的邂逅，表达了两人之间的思念眷恋之情。

陆游(1125－1210)是南宋时期著名的爱国诗人，他出身于书香门第，年少时就擅长诗词。陆游的娘舅唐诚有一个女儿，名叫唐婉。唐婉从小就文静秀气，善解人意，很讨人喜欢。那时两家走动频繁，年纪相仿的陆游和唐婉交往亲密，两人慢慢滋生出了互相爱慕的情愫。两家长辈也乐见其成，认为他们是天造地设的一对。陆家将一精美的家传凤钗作为信物，送给了唐家，订下了这门亲事。

自唐婉嫁给陆游之后，两人伉俪情深，却忽视了亲人朋友的感受，陆游甚至把功名利禄抛至九霄云外，这引起了陆母的不满。她本来盼着才华横溢的儿子能够金榜题名，加官晋爵，光耀门楣。对于陆游的懈怠，陆母迁怒于唐婉。而陆游唐婉结婚三年却没有子嗣的事实更是引起了陆母的不满。陆母越看自己的儿媳妇越不如意，直到一次算命，她所有的不满终于累积到了爆发的临界点。

陆母在一次拜访尼姑庵时，专门替儿子儿媳算了一卦。

这一算可不得了，卦上说陆游和唐婉八字不合，如果执意要在一起，会招来不幸。这次算卦坚定了陆母想要驱逐唐婉的决心。回到家中，她就强行令陆游写下休书。一向孝顺的陆游只好先应承下来，再作他想。面对陆母的棒打鸳鸯，陆游表面上答应把唐婉送回娘家，实际上则暗度陈仓，将唐婉偷偷安置在另筑的别院之中，一有机会就前去再续情缘。很快陆母知晓了此事，为了彻底断绝两人的关系，陆母替陆游另娶了一位温顺本分的王氏女为妻。

至此，陆游终于停止抗争，向母命低头，开始一心向学，重新准备科举考试。就这样苦读了三年之后，陆游前往临安参加当时的“锁厅试”。作为一名饱读诗书、满腹才华的青年才俊，陆游深得考官的赏识，被推荐为魁首。而当朝宰相秦桧的孙子同样参加了考试，却居于人后。不免觉得脸上无光的秦桧在第二年的礼部会试，找了个由头将陆游的试卷剔除了。

仕途受挫，心中难免会倍感凄凉。为了排遣忧思，陆游回到家乡后开始四处闲逛，无所事事。也正是一个悠闲的中午，陆游随性走到了沈园。

◎ 绍兴沈园入口

当时的沈园又名沈氏园，原本是富商越州沈家的私家花园，到了陆游漫步至此时，已定期对外开放了。沈园内池面涟漪，几处假山点缀在楼台亭榭之间，树林掩映，呈现出一派江南园林的风光。《绍兴府志》提到过“在府城禹迹寺南会稽地，宋时池台极盛”。这“池台”说的就是沈园。因为园内建有楼阁亭台、假山池塘，环境优美，文人墨客总是喜欢来此游览，吟诗作画，抒发雅兴。园内有一个葫芦形状的水池，唤作“葫芦池”，池上有一座石桥，池边有叠石假山，周围又有郁郁葱葱的高大树木。这里小桥流水、环境清幽、景色宜人，因而陆游年轻的时候就时常在沈园读书、游玩。那天，陆游故地重游，本是去欣赏满园春色、缅怀往日时光，却与唐婉不期而遇。看到昔日的妻子如今挽着其他男子的手漫步园中，向自己走来，陆游不由百感交集，心生感伤。两人简单地互相打了招呼后，便各自离开。短暂的相见若是止于此，恐怕也就没了后来的千古绝唱。

唐婉是一个极重情谊的女子，这次相逢使她好不容易恢复平静的心情再起波澜。她不忍看着陆游黯然神伤独自离去，命人为他送去了美酒佳肴。陆游面对一桌好菜，对面却无人与他分享，只能远远地望着唐婉和她如今的丈夫共享美宴，看着唐婉低头蹙眉，无意间露出玉手红袖。面对这样的场景，陆游更觉心中凄凉，往昔的种种又浮上心头。于是，他提笔在粉墙上留下了那首《钗头凤·红酥手》：

◎ 绍兴沈园《钗头凤》石刻

“红酥手，黄縢酒，满城春色宫墙柳。东风恶，欢情薄。一怀愁绪，几年离索。错，错，错！

春如旧，人空瘦，泪痕红浥鲛绡透。桃花落，闲池阁。山盟虽在，锦书难托。莫，莫，莫！”

“红酥手，黄縢酒”讲的是唐婉向陆游赠送佳肴美酒的事情。他将唐婉比喻成“宫墙柳”，意指只能远远观赏，难以触及。“东风恶，欢情薄”道出了陆游对陆母逼迫唐婉离自己而去的怨恨，叹惜两人之间的美好回忆如此短暂。下阕的“春如旧，人空瘦，泪痕红浥鲛绡透”是在陆游的想象中唐婉思念他的情景。时光荏苒，在不变的春色中，唐婉的容颜却因思念而日益憔悴，泪湿丝帕。即使当年的海誓山盟仍然记忆犹新，而今却只能远远地望着对方，连诉说相思之苦都做不到。

本来故事到了这里尘埃落定也未尝不可。陆游在秦桧病死后终于得到了朝廷的招用，离开了家乡。唐婉也逐渐忘却情伤，和现在的丈夫继续过着和谐的生活。两人从此相忘于江湖。然而这一切假想都不及发生。实际上陆游确实是踏上了他的仕途，唐婉却因为那次巧遇再也无法斩断情丝。到了第二年的春天，唐婉故地重游，偶然间瞥见了当时陆游为她写下的词，一时间她心潮涌动，难以自抑。不知不觉，唐婉在陆游的词后，写下了第二首《钗头凤》：

“世情薄，人情恶，雨送黄昏花易落。晓风干，泪痕残。欲笺心事，独语斜阑。难，难，难！

人成各，今非昨，病魂常似秋千索。角声寒，夜阑珊。怕人寻问，咽泪装欢。瞒，瞒，瞒！”

“世情薄，人情恶”，唐婉愤恨封建礼教下的人情世故生生拆散了她和陆游这一对情真意切的眷侣。而自己像阴雨黄昏时的花备受折磨。即使风吹干了被雨打湿的花草，自己的泪痕尚在。想要把自己的心事写信告诉对方，却犹豫着觉得不妥。如今两人的境地已不比从前，即使伤心流泪也只能默默承受。

写完这首词后，唐婉不久就郁郁而终了。而此时远在他乡的陆游不仅尽心为政，还写下了许多爱国的诗词。直到陆游垂暮，他与唐婉的过往仍然是他此生深深的眷恋。陆游六十八岁的时候曾作诗，序云：“禹迹寺南，有沈氏小园。四十年前，尝题小词一阕壁间。偶复一到，而园已三易主，读之怅然。”诗中写道“林亭感旧空回首，泉路凭谁说断肠？坏壁醉题尘漠漠，断云幽梦事茫茫”，庭院依旧，当年的词迹尚存，人却早已不复。陆游七十五岁时，旧地重游，又赋诗两首。其中“伤心桥下春波绿，曾是惊鸿照影来”这句诗写得如此真挚动人，令今天经过沈园旁边春波桥的游客与陆游一同缅怀那段逝去的爱情。陆游一往情深，八十岁那年还梦游沈园，作诗两首，名曰《岁暮梦游沈氏园》，写道：“路近城南已怕行，沈家园里更伤情；香穿客袖梅花在，绿蘸寺桥春水生。”“城南小陌又逢春，只见梅花不见人；玉骨久成泉下土，墨痕犹锁壁间尘。”

宋代以后，沈园逐渐荒芜，到后来只剩下园子的一角，不复有初建时占地面积七十多亩的规模。郭沫若在1962年参观沈园时，沈园已是荒凉不堪，他题的“沈氏园”三个字作为沈园门额，一直保留至今。到了1985年，政府开始修复沈园，并在沈园旧址的西侧考古发现了六朝古井、唐宋建筑、明代水池及瓦当、滴水，脊饰、湖石等遗迹遗物。此后又新建了一些园林建筑。经过不断的扩建修复，虽然不比从前，但是沈园目前已恢复一定规模，成为绍兴古城内一处重要的景点。

◎ 绍兴沈园景色

沈园至今已有八百多年的历史，现今的沈园是绍兴众多古典园林中唯一保存至今的宋式园林。现在的沈园在格局上分为古迹区、东苑和南苑三个部分。

从北门进入，首先来到的是古迹区，也就是沈园旧园所在。古迹区是根据宋代遗址修复的，空间布局呈现出宋代江南私家园林疏朗、雅致等风格特点。门口的影壁前立有一个圆鼓石，分为两段，名曰“断云”，意指断缘。进入园中，有一荷花池，荷池是在考古时发现的宋代荷池遗迹上修建而成。荷池北有问梅槛，南临孤鹤轩。此二者皆因陆游而建，分别纪念陆游平生爱梅和自比孤鹤。孤鹤轩作为遗迹区的主体建筑，气势浑厚、形制古朴，是所在景区的构图中心。轩内题有一副对联，上书：“宫墙柳一片柔情付与东风飞白絮，六曲栏几多倚思频抛细雨送黄昏。”在古迹区的南边，有一断垣，由出土断砖砌筑而成，上刻有陆游和唐婉的《钗头凤》，突出了该园的爱情主题。陆词书写潇洒自如，唐词字迹婉约娟秀。

该区内的葫芦池、宋井、土丘属于宋代的遗留古迹，予以保护。新建有宋井亭、石碑坊、冷翠亭、八咏楼、孤鹤轩、闲云亭、半壁亭、放翁桥等仿宋建筑，周围堆叠假山，栽植桃、梅、柳、竹等植物，营造出清新雅致的氛围。

南苑位于古迹区的南侧，内建有安丰堂和务观堂等展厅——即陆游纪念馆，展出了陆游在沈园的经历，以及陆游的爱国事迹和在文学上的辉煌成就。在这里人们不仅能了解到这位诗人的爱国情怀，也会为他和唐婉的爱情悲剧唏嘘不已。展厅围合的小庭院东侧有一水池，池西为春水亭，池南为香袖亭。

东苑在古迹区的东侧，又被称为情侣园。入园可见一心形水池，池中小岛亦为心形，象征心心相印，名唤琼瑶池。东苑水池中设有二岛，皆为湖石垒砌而成的假山，其内四通八达，山上有蹬道，临水设置环路，岛与岸边由汀步相接。游人远可观赏怪石嶙峋之姿，近可享受穿行其间之趣。池北有一双亭——相印亭，在亭中西望可见琴台和广耜斋。园中另建有鹊桥、祈愿台等，空间布局尽显江南造园特色，展现了典型的江南园林景致。

如今，人们游览沈园时，看见那堵断垣，便能想象到陆游当时饱含相思之苦、却难诉衷情、唯有在墙上留下那一首让人为之垂泪的《钗头凤》的情景。那片墙垣承载着陆游和唐婉欲语还休的思念和爱而不得的无奈，如今它仍然屹立在沈园之中。后世之人游览沈园，也多会在此驻足良久，不忍离去。

第五节 人道我居城市里，我疑身在万山中
——天如禅师与狮子林

苏州狮子林是苏州四大名园之一，与之齐名的还有沧浪亭、拙政园、留园。正是这四座分别代表着宋、元、明、清四个朝代造园艺术风格的私家园林，彰显了苏州园林“江南园林甲天下，苏州园林甲江南”的美誉。

◎ 苏州狮子林景色

狮子林位于江苏省苏州市城区东北角，始建于元朝至正二年（1342 年），距今已有六百五十多年的历史。根据元代文人欧阳玄撰写的《狮子林菩

提正宗寺记》，狮子林是元末名僧天如禅师惟则的弟子为了向其表达敬意，“相率出资，买地结屋，以居其师”。一来为了纪念天如禅师和天目中峰和尚的师承关系，二来园中“林有竹万，竹下多怪石，状如狻猊者”的景象，故名此园为“狮子林”。

天如禅师(1286－1354)俗姓谭，名惟则，号天如，是元代后期的著名禅师。他年幼时就背井离乡，来到禾山(今江西省永新县境内)剃度出家。天如禅师在二十岁那年从同修的言谈中得知浙江天目山有一位被时人誉为“江南古佛”的得道高僧——中峰明本大和尚。当时的天如禅师正愁悟道无门，闻言后便欣然东游，前往天目山。来到天目山后，天如禅师勤奋修行，经中峰和尚点拨，豁然开悟，此后一直侍奉在中峰和尚左右。待中峰和尚圆寂后，天如禅师离开天目山，四处游历，清苦自持，不求闻达于世。许多地方人士想要聘请天如禅师作名刹住持，均被他以才疏学浅为由婉拒了。天如禅师深居简出，韬光养晦长达二十余年。一直到了元顺帝至正元年(1341年)，时年五十五岁的天如禅师渐臻化境，来到苏州开坛讲经。座下弟子受益良多，为表敬意，纷纷出资，觅得数亩良田，结庐为寺，供天如禅师居住。此处古木参天、幽篁成韵、怪石嶙峋，石峰多如狮子。不久，元顺帝特赐寺名曰“狮子林菩提正宗禅寺”。此后的十余年间，天如禅师以该寺为道场，宣扬佛法，普度众生。这便是狮子林之初始。

许多画家诗人来狮子林参禅，并作诗画，其中就有倪云林(1301－1374)、朱德润(1294－1365)、徐幼文(生卒年不详)等。因狮子林中的假山均以太湖石堆叠而成，石峰林立、秀美玲珑。假山上大小不一的奇峰怪石，形状各异，似狮子、如飞鸟，极富神韵。晚年的倪云林游历到狮子林时应当时的住持之邀，欣然作《狮子林图》一卷，将狮子林中“岌岌诸峯秀，青

青万竹荣”的景致表现在画卷之中，并题五言诗及图跋于卷首。他画的《狮子林图》笔墨古淡天真，极具虚静清逸之韵味。此画一出，一时间狮子林名声大振，成为苏州文人争相赋诗作画的胜地，甚至引得后来的清朝乾隆皇帝六下江南，六次游览了狮子林。

狮子林在建造之初为菩提正宗寺的后花园，按照中国园林基本类型，属于寺观园林的范畴。在清乾隆初，寺园与寺殿隔绝，变为私家园林，改名为“涉园”，后又被称为“五松园”。几经易主，园子逐渐衰败荒废，唯假山依旧。后来狮子林由上海颜料巨商贝润生购得，经过七年时间的整修，一扫之前的倾颓衰败，复又冠名“狮子林”，这也是如今我们去苏州游赏时所看到的狮子林。

狮子林占地面积约为十五亩，四周粉墙高筑。园内湖石假山分布在东面，池水位于西北面，主要建筑集中在山池东北两翼，长廊三面环抱，全园布局紧凑，呈现出建筑围绕山石池水的典型布局方式。

狮子林以假山著称，素有“假山王国”的美誉。园中有含晖、吐月、玄玉、昂霞等名峰，而以狮子峰为诸峰之首。假山山形可分为东西两部分，各自形成一个大环形，掇山不高，但洞壑盘旋。穿行假山之中，可体会似无路可通，却豁然开朗的妙趣。

园中水体有聚有分，水景丰富。湖石堆叠成山，上有清泉流下，形成瀑布。溪涧泉流蜿蜒曲折，隐现于山石洞穴之间。

狮子林中的建筑环绕山池而建。依山傍水的有指柏轩、真趣亭、荷花厅、问梅阁、石舫等。另建有燕誉堂、小方厅、贝氏祠堂等建筑。如若依照游览路线参观全园，会依次经过贝氏祠堂、燕誉堂、小方厅、指柏轩、古五松园、真趣亭、石舫、暗香疏影楼、问梅阁等。燕誉堂为全园主厅，建筑高大宽敞，凸显气势。堂内挂着一副对联:“具峰岚起伏之奇,晴云吐月,夕照含晖、尘劫几经年,胜地重新狮子座;于觞咏流连而外,瞻族承先,树人裕后、名园今得主,高风不让谢公墩。”这副对联既描绘了狮子林中的奇石景观,又概括了狮子林的历史变迁,还褒赞了贝氏家族。中堂立有一屏风,南刻《重修狮子林记》,记述清朝的贝氏重修狮子林的经过,北刻《狮子林图》。小方厅巧用东西两侧的漏窗,借景窗外的梅、竹、石,悄然成画。古五松园内曾有五棵大古松,霜干虬枝,亭亭如盖。“五松园”的园名一时由此而来。石舫则是后来建造的,虽然是混凝土结构,但体量轻巧适宜,点缀水边,自成一趣。

现在人们提到狮子林时,常冠以“私家园林”的头衔,但若追本溯源,就会发现狮子林最早是一座寺观园林,至今依然保留了许多禅意。

◎ 苏州狮子林假山

狮子林中的湖石假山是我国古典园林中现存最著名的假山群。苏州地处太湖之滨,自古就盛产太湖石,这种石头具有“瘦、透、漏、皱”的特点,筑起假山来秀美玲珑、婀娜多姿,是人们造园的首选材料。宋徽宗在建造御花园——艮岳时,派人专程到江南搜集奇峰怪石。朱冲、朱勔父子为了讨好皇上,四处搜罗奇石,并派人用船将所得来的上品太湖石运送到京城。可是船只还没有出发,北宋就灭亡了。于是大批的太湖石就留在了苏州城的东北隅。直到元代,天如禅师来到此处修建寺庙,巧妙利用了这些北宋遗留的精品湖石建造了狮子林。

狮子林中的湖石假山以小见大，以实写虚。叠山理水讲究的是在有限的空间里创造出无限而深远的意境，给人无尽的遐想。这种“一花一世界，一木一浮生”的想象在狮子林的假山上得以体现。狮子林假山以“**取势在曲不在直，命意在空不在实**”的手法造型。假山的意境取自四大佛教名山，尤其是九华山。在纵向上，假山分为上、中、下三层，分别表示人间、天堂、地狱三重境界，当游赏者穿游其中时，可以参悟禅宗境界，体味人生百态。

如果有心，便可以从假山中看出姿态各异的狮石狮峰，形神皆似佛经中的狮子座造型。通向假山的蹬道一共有九条，它们由湖石或青石堆叠而成，形成各不相同的进入假山的路线，极富趣味性。这种殊途同归的游道象征了佛教中“九九归一”的禅宗思想。

假山的中心景点是卧云室。卧云室本是一座禅房，位于假山中心的顶端。虽然假山远没有真正的佛教名山高大，但是通过“卧云”二字，假山便化身为云雾缭绕的名山大川，“**云生高山，绕之峰腰**”，能够卧云，必是栖身于高山群峰之中。此时狮子林的湖石假山不仅是浙江天目山狮子岩，甚至包涵了整个佛教精神。

◎ 苏州狮子林卧云室

天如禅师曾在《狮子林即景》中描述了当时的园景

和生活情景,其中“人道我居城市里,我疑身在万山中”,写的正是狮子林的假山。这种相由心生的观念与佛教讲求的宇宙在我心,我心即宇宙的“梵我合一”的境界有着异曲同工之妙。虽然狮子林是咫尺之地,但是僧人在此远离尘事,以山意佛,构筑了无限的精神空间。

除了假山,许多建筑的题名也诠释了佛教的禅宗思想。狮子林初建时,即设有卧云室、立雪堂,又在宋代遗留的梅树、柏树旁分别建置了问梅阁与指柏轩以作客舍与僧堂之用。卧云室为禅房,在此参禅悟道犹如置身云中高山,其禅意自不必说。立雪堂其名出自禅宗典故。禅宗二祖慧可向达摩祖师求法时,达摩祖师告诫他:不以身为身,不以命为命。于是二祖慧可在雪中站立数日,并自断其臂以示信仰禅宗态度虔诚。关于问梅阁,有一个禅宗公案——马祖问梅。故事说的是马祖的弟子开悟后云游四方,马祖派人前去测试他是否真的有所顿悟,其弟子通过了考验,马祖继而对众人说:梅子熟了,意指弟子得道。

指柏轩现悬有一匾额,上书晚清书画家王同愈所作的“揖峰指柏”,因此又叫揖峰指柏轩。“揖峰指柏”意为“拱手礼对奇峰,笑指庭前古柏”。“揖峰”出自南宋文人朱熹《游百丈山记》中“前揖庐山,一峰独秀”,将山石拟人化,表示对山石的喜爱尊崇之情。“指柏”出自元末文人高启诗中“人来问不应,笑指庭前柏”,这句诗同系禅宗公案。据说赵州禅师的门下僧人曾向他求教何为达摩祖师的来意,禅师指着庭前柏树称其即为达摩祖师的来意,让弟子自行体会。

元代文人郑元撰写的《立雪堂记》记载的,正是当时与天如禅师交往甚密的荣禄大夫、江西等处行中书省平章政事买住为狮子林题写匾额——“卧云”“立雪”的情景。

狮子林自建园伊始，至今已有六百多年的历史。其间园主更替，园林类型也几经变化，由最初的寺观园林变为一处私家园林。经历了元、明、清、民国等时期，狮子林屡有增建，因而得以在今天向人们展现各个历史时期的文化风貌和造园艺术。人们在参观狮子林时不仅会感慨其江南园林所特有的飞檐翘角，同时也可体悟到狮子林因天如禅师而融入的禅宗之理。

参考书目

1. (明)计成著:《园冶》,胡天寿译,重庆出版社,2009 年。
2. (明)沈心友著:《芥子园画传》,陈洙龙注,中国人民大学出版社,2009 年。
3. (宋)林逋著:《林和靖诗集》,浙江古籍出版社,1986 年。
4. 周维权著:《中国古典园林史(第三版)》,清华大学出版社,2010 年。
5. 吴言生著:《禅宗思想渊源》,中华书局,2001 年。
6. 泰祥洲著:《仰观垂象》,中华书局,2011 年。
7. 曹明纲著,《中国园林文化》,上海古籍出版社,2001 年。
8. 彭一刚著,《中国古典园林分析》,中国建筑工业出版社,1986 年。
9. 陈从周著:《说园》,同济大学出版社,2002 年。
10. 陈从周著:《陈从周讲园林》,湖南大学出版社,2009 年。
11. 洪修平、吴水和著:《玄学与禅学》,浙江人民出版社,1992 年。
12. 彭莱著:《古代画论》,上海书店出版社,2009 年。
13. 任晓红、喻天舒著:《禅与园林艺术》,中国言实出版社,2006 年。
14. 冯钟平著:《中国园林建筑(第二版)》,清华大学出版社,2000 年。
15. 曹林娣著:《静读园林》,北京大学出版社,2005 年。
16. 张家骥著:《中国造园论》,山西人民出版社,2003 年。

17. 金学智著:《中国园林美学》,中国建筑工业出版社,2000 年。
18. 楼庆西著:《装饰之道》,清华大学出版社,2011 年。
19. 钟婴著:《西湖全书:林和靖与西湖》,杭州出版社,2004 年。
20. 章采烈著:《中国园林艺术通论》,上海科学技术出版社,2004 年。
21. 曹林娣著:《苏州园林匾额楹联鉴赏》,华夏出版社,1991 年。
22. 张家骥著:《中国造园艺术史》,山西人民出版社,2004 年。
23. 喻革良、王伟著:《漫话兰亭》,南方出版社,2005 年。
24. 周维扬、丁浩著:《杜甫草堂史话》,四川文艺出版社,2009 年。
25. 王毅著:《中国园林文化史》,上海人民出版社,2004 年。
26. 苏州园林管理局著:《苏州园林》,同济大学出版社,1991 年。
27. 曹林娣著:《园庭信步——中国古典园林文化解读》,中国建筑工业出版社,2011 年。
28. 高友谦著:《中国风水文化》,团结出版社,2004 年。
29. 俞孔坚著:《理想景观探源:风水的文化意义》,商务印书馆,1998 年。
30. 李敏著:《华夏园林意匠》,中国建筑工业出版社,2008 年。
31. 曹林娣著:《中国园林艺术概论》,中国建筑工业出版社,2009 年。
32. 周武忠著:《心境的栖园——中国园林文化》,济南出版社,2004 年。
33. 王其钧、邵松著:《图解中国古建筑丛书——古典园林》,

中国水利水电出版社,2005 年。
34. 张橙华著:《狮子林》,古吴轩出版社,1998 年。
35. 李敏著:《中国古典园林 30 讲》,中国建筑工业出版社,2009 年。
36. 郭风平、方建斌著:《中外园林史》,中国建材工业出版社,2005 年。
37. 徐德嘉著:《园林植物景观配置》,中国建筑工业出版社,2010 年。
38. 刘海燕著:《中外造园艺术》,中国建筑工业出版社,2009 年。
39. 居阅时著:《苏州私家园林中文字及题名背后的深层涵义》,中国园林,2000 年 16 期。
40. 李先逵著:《中国园林阴阳观》,古典园林建筑艺术学术论坛,2009 年 6 月。